高等学校"十四五"规划教材·无人机应用技术

无人机地面站与任务规划

石　磊　夏季风　编著

西北工业大学出版社

西　安

【内容简介】 本书从实用角度出发,系统而全面地介绍了无人机领域中关于无人机地面站系统的使用和行业应用的任务规划与实施,主要内容包括无人机系统概述,无人机地面站系统,无人机任务规划基础,无人机在测绘、植保、巡检三个领域的典型应用,同时涵盖三种行业应用无人机类型。

本书适合用作职业院校无人机相关专业的教材,也可用作本科及以上学生实践指导用书,还可用作相关工程提供技术人员岗位培训教材。

图书在版编目(CIP)数据

无人机地面站与任务规划 / 石磊,夏季风编著.——
西安 : 西北工业大学出版社,2021.8(2025.2重印)
ISBN 978 - 7 - 5612 - 7831 - 4

Ⅰ.①无⋯ Ⅱ.石⋯ ②夏⋯ Ⅲ.①无人驾驶飞机
-地面站 Ⅳ.①V279

中国版本图书馆 CIP 数据核字(2021)第 152261 号

WURENJI DIMIANZHAN YU RENWU GUIHUA

无 人 机 地 面 站 与 任 务 规 划

责任编辑: 张 潼		**策划编辑:** 杨 军	
责任校对: 朱晓娟		**装帧设计:** 董晓伟	
出版发行: 西北工业大学出版社			
通信地址: 西安市友谊西路 127 号		邮编:710072	
电　话: (029)88491757,88493844			
网　址: www.nwpup.com			
印 刷 者: 兴平市博闻印务有限公司			
开　本: 787 mm×1 092 mm	1/16		
印　张: 17.5			
字　数: 426 千字			
版　次: 2021 年 8 月第 1 版	2025 年 2 月第 5 次印刷		
定　价: 59.00 元			

如有印装问题请与出版社联系调换

前　言

　　近年来,无人机产业迅速发展,深入渗透社会生活的各个领域,其巨大前景已经成为世界各国的共识。党的十九届五中全会提出了新的"十四五"规划和二〇三五远景目标,指出要发展战略性新兴产业,加快壮大新一代信息技术、生物技术、新能源、新材料、高端装备、新能源汽车、绿色环保以及航空航天、海洋装备等产业,推动互联网、大数据、人工智能等同各产业深度融合,推动先进制造业集群发展。加快第五代移动通信、工业互联网、大数据中心等建设。国家发展改革委发布的《产业结构调整指导目录(2019 年本)》里,无人机及相关产业被列入鼓励支持类目录。

　　我国民用无人机的使用日益广泛,目前主要应用于农林植保、影视航拍、航空测绘、电力油气管线巡检、应急灾害防控等领域。在 2020 年抗击新冠疫情中无人机也大显身手,在全国不少城市的街道、社区、乡镇、农村等开放性场所,利用无人机进行社区空中指挥、空中巡查、短途物资运送、小范围消杀喷洒、人群零接触测温、夜间救援工程照明等工作。在 2020 年夏季发生的全国多流域特大洪涝灾害中,无人机承担了应急救援、灾区遥感、大范围堤坝巡查、全流域水体监控等任务,为洪峰预测、流量计算、调控决策提供了实时精准的重要数据,发挥了不可替代的作用。从目前无人机在各行业中的应用情况分析,可以发现掌握无人机地面站系统和任务规划主要原理和使用方法,对于未来的无人机的使用者将尤为重要。笔者结合自身多年无人机行业从业经验以及在无人机应用技术专业教学的实际经验,根据教育部最新颁布的专业教学标准,同时参考相应的职业资格标准,从企业对专业技术人员的技能要求出发编写了本书。

　　本书的编写以无人机地面站使用及行业应用任务规划与实施的相关概念,基本原理,主要技术和行业作业的流程、规范、标准要求、操作技巧等为编写主线,以理论知识够用为度,以行业实际应用为例,以企业对岗位工作人员的技能要求为核心,力求宽而不深、多而不杂、深入浅出、通俗易懂。本书第 1 章对无人机系统特别是无人机地面站与任务规划系统进行概述;第 2 章介绍无人机地面站系统的基本原理,无人机地面站系统功能、配置及构成等内容;第 3 章介绍两种常用地面站软件的界面、功能,并利用实际案例展示上述地面站软件的使用方法;第 4 章介绍任务规划概念与功能,任务规划分类、方法、约束条件和优化等内容;第 5 章介绍无人机航测任务的规划与实施过程;第 6 章介绍无人机植保的任务规划与实施流程;第 7 章介绍无人机电力巡检任务规划与实施流程;第 8 章介绍其他 6 种常用无人机航测地面站及 3 种建模软件的使用;第 9 章介绍无人机航测内业数据的整理与处理方法;第 10 章介绍若干常用地面站操作实务。

　　本书由内蒙古电子信息职业技术学院石磊、内蒙古工程学校夏季风担任主编。全书由石磊负责统稿和定稿。具体编写分工如下:第 5~9 章,第 10 章的 10.1 节 10.2 节及附录部分由石磊编写。第 1~4 章和第 10 章的 10.3 节由夏季风编写。

本书的编写得到了各方的大力支持,感谢内蒙古北方航空科技有限公司王金鹏对本书的编写提供了指导,同时在编写过程中曾参阅国内外出版的有关教材、论文及资料,在此谨向其作者表示衷心感谢!

由于笔者水平有限,加之时间仓促,书中不妥之处在所难免,恳请各位读者不吝批评指正。

编　者

2021 年 3 月

目　　录

第1章 无人机系统概述

内容提示

本章是对无人机系统,特别是无人机地面站与任务规划系统的概述,通过对本章的学习,能够对无人机系统的组成及功能有初步认识,为后面章节的学习打下良好基础。

教学要求

(1)了解无人机各系统组成;

(2)掌握无人机地面站系统的概念、发展与分类;

(3)掌握无人机任务规划的概念。

内容框架

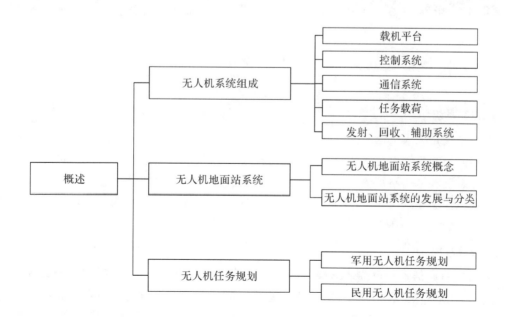

— 1 —

1.1 无人机系统组成

无人机是无人驾驶飞机(Unmanned Aerial Vehicle,UAV)的简称,是利用无线电遥控设备和自备的程序控制装置的不载人飞行器。无人机可以全程自主完成复杂空中飞行任务和各种负载任务,具有小巧灵活、成本低廉、易于"隐形"、使用便捷的特点,被广泛用于军事侦察、隐秘打击、电子对抗、通信中继、影视航拍、农林植保、航空测绘、管线巡检、气象探测、地物勘探等多个军民领域。

一般来说,无人机的系统包括:载机平台,控制系统,通信系统,任务载荷,以及发射、回收、辅助系统。

1. 载机平台

载机平台是搭载无人机相关设备的空中平台,主要使用重于空气的动力驱动航空器,也有少数采用比空气轻的飞行器,如无人飞艇。常用的载机平台包括直升机、固定翼机、多旋翼机、伞翼机、扑翼机、飞艇以及近年来兴起的复合翼垂直起降飞行器等,如图1-1所示。

(a)　　　　　　　　　　(b)　　　　　　　　　　(c)

图 1-1　载机平台

(a)固定翼机;(b)多旋翼机;(c)直升机

2. 控制系统

控制系统是无人机地面操纵以及自主执行任务的核心,被称作无人机的大脑和中枢。无人机独特的控制系统也是其区别于有人机以及航模的主要特征之一。无人机的控制系统包括导航飞控系统和地面站系统。导航飞控系统用于实现无人机的自主稳定可控飞行,包括导航子系统和飞控子系统两部分;地面站系统用于实现无人机的指挥控制与任务规划,也是无人机整个系统中的关键一环。

3. 通信系统

无人机的通信系统也称通信链路、数据链,是用于传输无人机系统控制、非载荷信息通信、载荷信息通信等信号的无线电链路。无人机的通信链路主要有点对点链路和多点通信链路两种,在通信方式上属于双向通信链路。美国"捕食者"无人机地面站数据链路如图1-2所示。

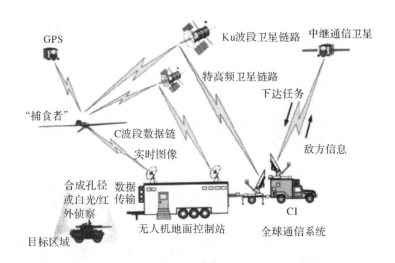

图 1-2　美国"捕食者"无人机地面站数据链路

4. 任务载荷

根据无人机执行不同任务的需要,可在载机平台上加载相应的任务载荷。目前无人机能够执行的任务愈发多样,军用和民用无人机的任务载荷有较大区别。常用的军用无人机载荷有制导武器、非制导弹药、高倍率高精度多光谱摄像头、合成孔径雷达、电子战吊舱、空中加油系统等。常用的民用无人机任务载荷有航拍相机(云台)、农业喷洒系统、航测相机(云台)、多光谱吊舱、激光雷达、照明设备、扩音设备以及通信中继设备等。常见的无人机任务载荷如图 1-3 所示。

(a)　　　　　　　　　　　　(b)

图 1-3　常见的无人机任务载荷

(a)航拍相机(云台);(b)多光谱吊舱

5. 发射、回收、辅助系统

无人机的正常运行离不开发射、回收及其他辅助系统。如图 1-4 所示,该系统包含弹射架、发射容器、投射母机、伞降系统、拦阻网(绳)系统以及充电加油运输等。

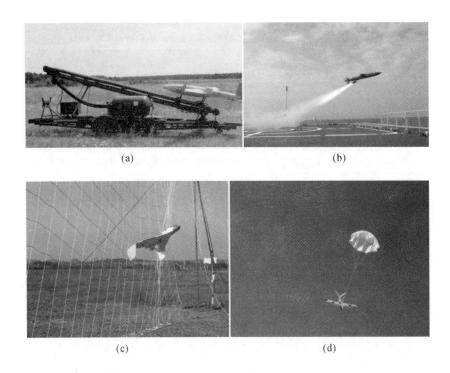

图 1-4　无人机的发射与回收

(a)弹射架发射;(b)火箭助推发射;(c)撞网回收;(d)伞降回收

1.2　无人机地面站系统概述

1.无人机地面站系统概念

无人机地面站系统用于对无人机进行地面指挥、控制与管理,是无人机系统的重要组成部分,相当于整个无人机系统的大脑和中枢。其功能包括单个无人机、同型号无人机群以及不同型号无人机联合机群的统一指挥及空中调度,无人机任务的预先规划及实施规划,无人机载机系统及任务载荷的操纵控制,实时监测飞机及载荷的工作状态,对飞行过程及有关部件运行状态和故障进行记录、分析、告警,实施与所辖无人机或者其他无人机系统及地面站之间的通信或者通信中继等。

2.无人机地面站系统的发展与分类

无人机系统从20世纪初的"飞行炸弹"发展到今天的高智能化、信息化装备,地面站系统也从最原始的有线控制演变成现在的集群化、智能化、网络化控制模式。

目前,无人机地面站一般根据系统规模分为大型战术地面站、中小型移动地面站和微型便携地面站。大型战术地面站专门用于在战场后方通过卫星中继超远程控制大型无人机或者无人机战术群,主要由多个分布式的固定站群组成。中小型移动地面站在军用和民用无人机领域都有广泛应用,一般由小型车辆装载,机动性较强,通信距离较远,有一定的隐蔽性。微型便携地面站是现在绝大多数民用无人机系统采用的地面站形式,其将所有地面站系统软硬件集成于笔记本大小的手提箱中,有些地面站甚至只有普通手机大小,如极飞 P20 植保无人机地面站,优点是便携性高,缺点是通信距离短。几种常见的地面站系统如图 1-5 所示。

(a)　　　　　　　　　　　　　(b)

(c)　　　　　　　　　　　　　(d)

图 1-5　几种常见的地面站系统

(a)中大型地面站;(b)微型便携地面站;(c)APP 地面站;(d)PC 地面站

1.3　无人机任务规划概述

随着时代的发展和科技的进步,现代无人机的性能与用途愈发广泛,任务需求复杂多样,应用场景和环境也较为严苛,这就需要对无人机进行精准、科学地任务规划。

1. 军用无人机任务规划

无人机最早起源于军事应用,而无人机任务规划的概念也出自军事术语。军用无人机任务规划也称无人作战飞机航迹规划,是指结合地图测绘系统和卫星侦察系统提供的战区地图资料、敌防空系统部署情报,在综合考虑无人机性能参数、作战时效、飞行区域气象环境及其他外在威胁的前提下,根据无人机有效载荷量以及作战任务的不同对无人机进行合理分配,为无人机规划出一条或多条安全系数最大、突防概率最高、飞行路线或者时间最短的飞行航迹,在该航迹上对有效载荷进行合理控制,并将相关资源进行实时实地的动态合理调配,使之在确保飞机飞行安全的前提下,最大程度地发挥有效载荷的作用,在完成各项作战指标后实现安全返航。军用无人机地面站任务规划控制举例如图 1-6 所示。

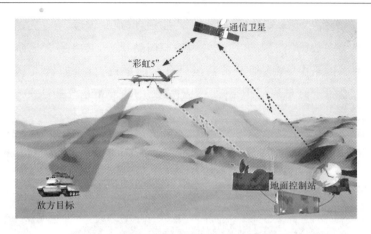

图 1-6 军用无人机地面站任务规划控制举例

2.民用无人机任务规划

对于民用无人机系统,其使用场景及目标与军用无人机有很大区别。军用无人机侧重于任务目标的完成性及作战系统的安全性,而民用无人机则更加侧重于任务完成效率及系统的经济性。这就导致民用无人机任务规划与军用有所不同,即依据地形信息和执行任务的环境信息,综合考虑无人机的载重、续航、升限、稳定性、携带载荷类型以及任务区域地形和气象特点,按照避开限制风险区域及单架次任务完成率最高的原则,制定一条或多条最佳飞行航迹,并合理规划任务载荷的使用节点及方式,使无人机高效安全顺利地完成任务,最终成功回收。民用植保无人机地面站任务规划控制举例如图 1-7 所示。

图 1-7 民用植保无人机地面站任务规划控制举例

课 后 习 题

(1)无人机系统由哪些部分组成?
(2)什么是无人机地面站系统?
(3)无人机地面站系统一般如何分类?
(4)军用与民用无人机任务规划的区别是什么?

第2章 无人机地面站系统

内容提示

本章介绍无人机地面站系统的基本原理,无人机地面站系统功能、配置及构成等内容,通过对本章的学习,能够对无人机地面站相关内容形成准确的认知,为后面章节的学习打下良好基础。

教学要求

(1)了解无人机地面站系统的基本原理;
(2)掌握无人机地面站系统的主要功能;
(3)掌握无人机地面站系统的一般配置;
(4)了解无人机地面站的软硬件系统构成。

内容框架

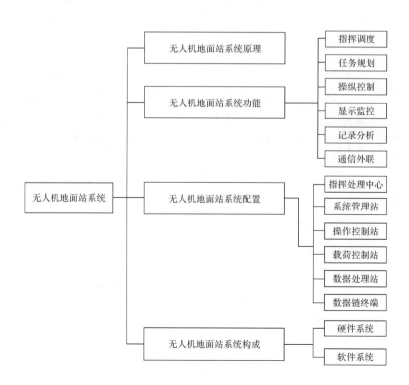

2.1　无人机地面站系统原理

无人机地面站系统作为整个无人机系统的"大脑",控制着整个系统各项功能的顺利实现,无人机地面指挥控制站功能如图2-1所示。无人机通过机载的各种传感器来获取飞行器及载荷设备状态信息,将这些数据信息通过数据链路以预定的格式传输到地面站。地面站在接收到这些数据后对数据进行解包存储处理,一方面将地面人员所需的参数通过显示设备展现出来,另一方面根据控制率解算操纵人员的输入信号,生成控制指令后再通过数据链路上传至无人机飞控计算机,飞控计算机处理这些信息,发出控制指令来操纵无人机的姿态和载荷设备等。

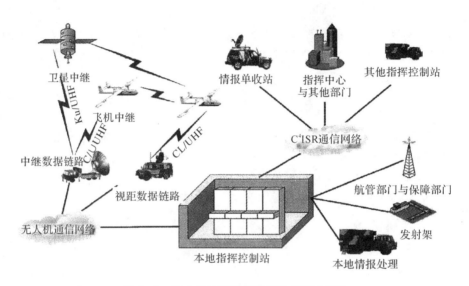

图 2-1　无人机地面指挥控制站功能示意图

在上述的一系列操作过程中,数据链路是承上启下的关键一环。无人机数据链是一个多模式的智能通信系统,能够感知其他工作区域的电磁环境特征,并根据环境特征和通信要求,实时、动态地调整通信系统工作参数,如通信协议、工作频率、调制特性和网络结构等,以达到可靠通信或节省通信资源的目的。无人机地面站的数据链路分为上行链路和下行链路。上行链路主要完成地面站到无人机控制指令的发送和接收,下行链路主要完成无人机到地面站的遥测数据以及载荷数据的发送和接收,并可根据定位信息的传输利用上下行链路进行测距。

2.2　无人机地面站系统功能

1. 指挥调度

指挥调度功能主要包括上级指令接收、系统之间联络和系统内部调度。上级指令接收是指接收来自于上级指挥机构的命令;系统之间联络是指不同无人机地面站系统之间的通信;系统内部调度是指本站内部各单位之间,各单位与空中无人机、机群中单机或整体之间的指挥调度。

2. 任务规划

任务规划功能主要包括飞行航路规划与重规划、任务载荷工作规划与重规划。飞行航路规划与重规划指对无人机执行任务所经航点、航线进行预先规划和针对突发情况的实时重新规划;任务载荷工作规划与重规划指在无人机执行任务航线上对任务载荷的工作情况进行预先规划和实时规划。

3. 操纵控制

操纵控制功能主要包括起降操纵、飞行控制操作和任务载荷操作。起降操纵指无人机在起飞或发射、着陆或回收阶段的操纵;飞行控制操作指无人机在空中自动飞行阶段的人工操作;任务载荷操作是地面人员通过无人机数据链路远程控制无人机机载任务设备进行作业。

4. 显示监控

显示监控包括飞行状态参数(简称"飞参")的显示监控、地图航迹信息(简称"航迹")显示监控和任务载荷信息显示监控。其中飞参显示和航迹显示对于飞行安全极为关键,是地面人员需要特别关注的部分,一般的地面站针对这些参数的非正常变化还提供了警示、预警和告警功能。

5. 记录分析

记录分析是对飞参、航迹、载荷及系统内部各种信息的记录,以及这些信息的分析解读。得益于遥测系统,无人机地面站系统几乎能够将接收到的所有数据信息记录、存储下来,并提供一系列的分析工具,方便地面人员对飞行情况进行实时和事后分析,相当于地面的"黑匣子"。

6. 通信外联

通信外联包括本站空地数据链控制,本站与外站及设备通信控制,空中交通管制通信、感知及规避信息通信。近年来,由于无人机使用量剧增且缺乏监管,无人机对航空安全产生了很大的影响,空中交通管制通信、感知及规避信息通信在无人机领域开始被重视起来。

2.3　无人机地面站系统配置

1. 指挥处理中心

指挥处理中心主要是制定无人机飞行任务、完成无人机载荷数据的处理和应用。指挥处理中心一般是通过无人机控制站等间接地实现对无人机的控制和数据接收。

2. 系统管理站

系统管理站的主要功能是对整个无人机地面站的软硬件系统进行统一管理,包括电源管理、油路管理、通信管理、系统自检及故障告警与分析等。

3. 操作控制站

操作控制站负责对无人机的运行进行直接操纵,包括起降操纵、飞行控制两部分。起降操纵一般采用自主控制、人工遥控或组合控制等方式；飞行控制指通过地面站的数据链路对无人机实施控制，一般包括舵面遥控、姿态遥控和指令控制三种方式。

4. 载荷控制站

载荷控制站的运行方式与操作控制站类似，但载荷控制站不能进行无人机的飞行控制，只能单独控制无人机的任务载荷设备。其优点在于载荷控制与飞行控制分离，可以减轻飞行控制员的压力，使得载荷控制更加精确。

5. 数据处理站

数据处理站用于处理任务载荷通过数据链回传的任务数据信息，如图片、实时视频、多光谱数据、激光雷达点云信息等，将这些信息在本地储存并按照任务指标要求进行处理后生成作业成果。

6. 数据链终端

数据链终端是整个无人机系统通信的硬件载体，其作用是承载无人机和地面站的无线数据通信，并维持这种通信的稳定可靠，保证空地指令能够收发顺畅。

2.4 无人机地面站系统构成

1. 硬件系统

地面站的硬件系统可以简单地分为五个部分，即处理设备、显示设备、操纵设备、通信设备和保障设备。

处理设备一般为微小型计算机，这种计算机的处理速度很高，能够同时计算处理大量数据。

显示设备一般是一块或者多块不同大小的显示屏，对于小型无人机来说显示屏可能跟处理设备是一体的，如手机或者平板电脑，但对于中大型无人机，一般都会有多块显示屏来同时显示多种信息，比如车载地面站显示设备（见图2-2）。

图2-2 车载地面站显示设备

操纵设备可以是遥控器、操纵杆，也可以是软件虚拟操纵杆，甚至人体姿态感应器（手势控制),如图 2-3 所示。对于大型无人机地面站还同时配有多种操纵设备,如美军某些无人机在起降阶段使用外部遥控器,在飞行阶段则使用内部操纵杆。

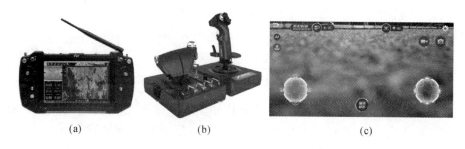

图 2-3　无人机遥控设备

(a)遥控器;(b)摇杆;(c)虚拟遥控器

通信设备包括地面端、空中端、中继器、增益天线和信号自动跟踪器等。小型无人机的通信设备受体积和相关法律的限制一般发射功率不大,通信距离在几百米到十几千米之间,而大型无人机的通信设备可以采用网络通信和卫星通信方式,通信距离能达到几千千米,甚至可以做到不受距离限制。无人机数据链天线如图 2-4 所示。

图 2-4　无人机的数据链天线

保障设备是为无人机地面站系统运行服务的,包括相应的载体、载具、油料电源供应、伪装防护以及其他保障供应设备等。

2. 软件系统

地面站软件系统是无人机飞行地面监视、控制和信息处理的综合系统,是控制无人机飞行姿态及遥测数据参数实时处理与综合显示的系统,是无人机系统的重要组成部分。它主要完成无人机的飞行任务规划和飞行控制,具有无人机飞行姿态、航迹和机载设备状态显示以及飞行数据记录、回放等功能,为操纵人员提供无人机实时飞行数据信息和飞行轨迹,指导飞行操纵,监控和记录侦察任务信息。

地面站软件主要分为四大模块:地图导航与航迹规划操作模块、用户界面模块、飞行监控模块和串口通信模块,地面站软件各模块之间的关系如图 2-5 所示。

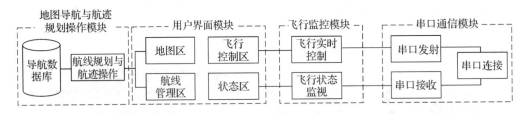

图 2-5　地面站软件各模块之间的关系

地图导航与航迹规划操作模块是无人机地面站软件中最重要的一个模块,所有的任务规划基本都是在这个模块上进行操作的。由于需要在地图上实时标示飞行器的飞行位置、航向、规划好的航线和实际历史轨迹等,地面站软件还需要实现地图导航的基本功能。

用户界面模块主要用于实现飞行状况监控、飞行实时控制、航线规划和航迹回放等功能,一般包含地图区、状态区、航线管理区和飞行控制区等。

串口通信模块主要实现串口相关属性配置,建立与无人机之间的串口连接,实现用户层串口通信协议,响应操作员的指令,打包发送命令帧,实时接收无人机回传数据并通知主线程更新数据显示等功能。

飞行监控模块是通过读串口接收缓冲区的无人机状态数据包,加以解析后显示在仪表控件上,辅助操作人员了解飞行器的飞行状况。通过串口发射将操作人员对无人机或者任务载荷的操纵指令传送至无人机,以实现对其的实时控制。

课 后 习 题

(1)请简述无人机地面站系统的基本原理。

(2)无人机地面站系统有哪些主要功能?

(3)无人机地面站系统的一般配置包含什么?

(4)无人机地面站的软硬件系统由哪些部分构成?

第 3 章　无人机地面站的使用

内容提示

本章详细介绍当前无人机领域应用最广泛的两种地面站软件 Misson Planner 和 DJI GS PRO 的界面、功能,利用实际案例展示了上述地面站软件的使用方法,通过对本章的学习能够对这两个地面站软件建立很好的认知,为在实际操作中熟练使用打下良好基础。

教学要求

(1)了解 Misson Planner 地面站软件界面及主要功能;
(2)掌握 Misson Planner 地面站的基本使用方法;
(3)了解 DJI GS PRO 地面站软件界面及主要功能;
(4)掌握 DJI GS PRO 地面站的基本使用方法。

内容框架

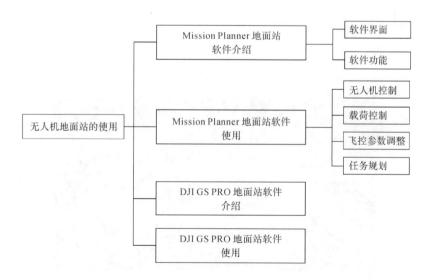

3.1　Misson Planner 地面站软件介绍

Mission Planner 地面站软件源自于全球最著名的开源飞控 ArduPilot 项目的一部分。ArduPilot 项目由美国人 Chris Anderson 创建的 DIYDrones 社群于 2007 年发起,其首个硬件主体 ArduPilotMega 由美国 3D Robotics 公司于 2009 年正式发布,而早期的软件主体包含 ArduPlane(固定翼)、ArduCopter(多旋翼),发展至今又增加了 ArduRover(无人车)、ArduBoat(无人船)、ArduBlimp(无人飞艇),同时还能兼容垂直起降复合翼、倾转旋翼以及自动跟踪云台等平台设备。2010 年 8 月,新西兰 Michael Oborne 发布了第一款配合 ArduPilot 使用的可视化图形操作界面软件 Mission Planner。

Misson Planner 地面站简称 MP,是在 Windows 平台运行的一款 APM/PX4 飞控硬件专属地面站。它也是一款完全开放源码的地面站,用户可以自行编译地面站代码,并修改地面站的界面、结构及功能。

1. 软件界面

(1)软件加载界面如图 3-1 所示。

图 3-1　软件加载界面

(2)地面站主界面如图 3-2 所示。

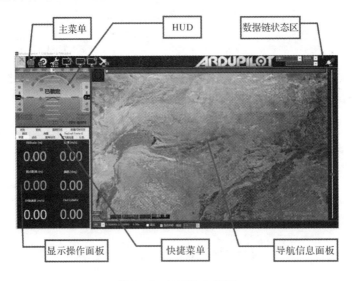

图 3-2　地面站主界面

（3）HUD（Head Up Display，抬头显示器，又称平视显示系统）界面如图 3-3 所示。

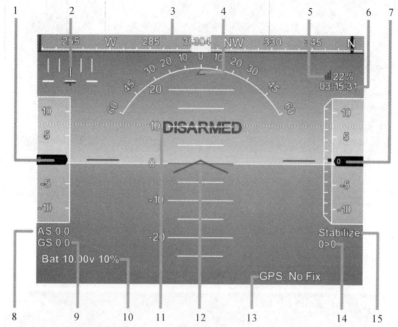

1—空速（地速，如果没有安装空速管）；2—转弯速率；3—航向；4—侧滑角；5—电台连接信号质量；
6—GPS 时间；7—高度；8—空速；9—地速；10—电池状态；11—人工水平线；12—模拟飞机水平线；
13—GPS 状态；14—水平偏移量；15—飞行模式

图 3-3　飞行 HUD 界面

（4）任务规划界面如图 3-4 所示。

图 3-4　任务规划界面

（5）固件烧写界面如图 3-5 所示。

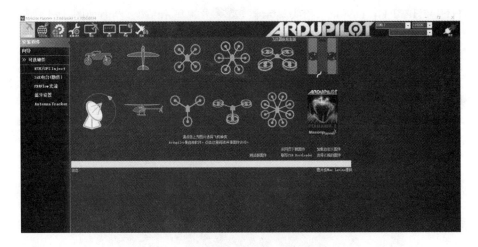

图 3-5　固件烧写界面

(6)调参界面如图 3-6 所示。

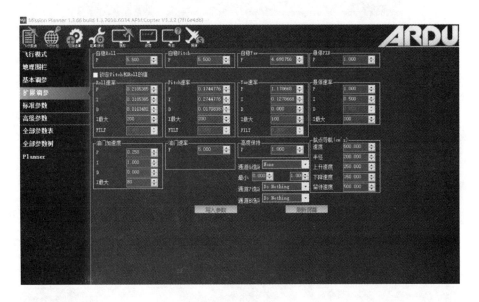

图 3-6　调参界面

2.软件功能

Mission Planner 地面站软件功能比较强大,其主要功能如下:

(1)使用地面站操纵界面、命令直接操作无人机及载荷;

(2)在 HUD 中融合无人机实施传回的图像信号实现 FPV(First Person View,第一人称视角)飞行;

(3)实时监控无人机的各种状态参数;

(4)基于谷歌、高德、腾讯、必应等数字地图进行灵活快捷的任务规划;

(5)对所有支持 APM 和 PX4 架构及 Mavlink 通信协议的飞控硬件进行固件烧写;

（6）方便、直观地对无人机进行在线/离线配置和优化各类参数；

（7）使用专用的 PC 飞行模拟软件接口，进行硬件模拟飞行；

（8）实时记录无人机遥测日志，随时进行飞行日志在线/离线的下载和分析。

3.2　Misson Planner 地面站软件使用

1. 无人机控制

在 Mission Planner 地面站中，可以使用快捷菜单及显示操作面板实施对无人机的控制，如图 3-7 所示。

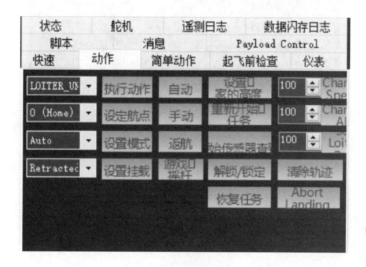

图 3-7　无人机操作面板

面板上部的快捷菜单上有多种选项卡，其中动作、简单动作以及舵机选项卡可以用来控制无人机，同时对应的显示操纵面板上的命令菜单及按键也可以对无人机发送控制指令，如图 3-8 所示。

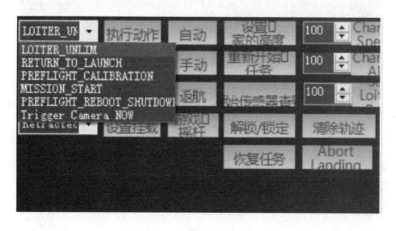

图 3-8　快捷操作选项卡

在动作选项卡下,可以设置无人机进行解锁/锁定操作、自动/手动飞行、暂停/恢复任务、留待、转场、返航、任务开始/跳转、航点参数设置等,如图 3-9 所示。

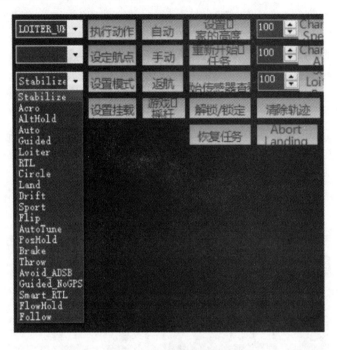

图 3-9　动作选项卡

同时,动作选项卡还可以实时为无人机更改飞行模式,在 Mission Planner 地面站中能够根据不同的无人机设置多达 20 余种飞行模式,如增稳、悬停、留待、返航、自动、跟随等,如图 3-10 所示。

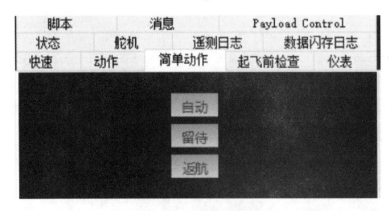

图 3-10　简单动作命令

2. 载荷控制

Mission Planner 地面站对载荷的控制有 2 种方式,即舵机通道动作控制和程序任务命令控制。舵机通道动作控制是指直接控制触发任务载荷工作的"舵机"通道,这里的"舵机"并非真的有实体舵机在控制任务载荷,而是沿用了传统舵机通道使用 PWM(Pulse Width

Modulation,脉冲宽度控制信号)方式来控制任务载荷的动作。程序任务命令控制是指在任务规划界面以预设程序命令来控制任务载荷,这部分内容在后面的章节进行介绍。图 3-11 显示了 10 个独立的"舵机"通道控制菜单,可以单独调整每个通道的输出信号。

脚本		消息		Payload Control
快速	动作	简单动作	起飞前检查	仪表
状态	舵机	遥测日志	数据闪存日志	
低	高	切换	5	1100 1900
低	高	切换	6	1100 1900
低	高	切换	7	1100 1900
低	高	切换	8	1100 1900
低	高	切换	9	1100 1900
低	高	切换	10	1100 1900
低	高	切换	11	1100 1900
低	高	切换	12	1100 1900
低	高	切换	13	1100 1900
低	高	切换	14	1100 1900

图 3-11　舵机控制界面

3. 飞控参数调整

飞控参数调整即调参。Mission Planner 地面站提供了丰富的调参选项,针对初级用户和经验老手还有不同的调参界面。基本调参界面如图 3-12 所示,扩展调参界面如图 3-13 所示,全部参数表界面如图 3-14 所示。

基本调参针对经验不多的初级使用者,能够调整的项目很少而且设置选项均为俯仰、滚转以及油门等直观选项,用户仅需左右拖动滑块即可,大部分设置由飞控内部学习算法自动完成。

扩展调参主要针对有一定调参经验的用户,相对基本调参增加了多个 PID 调整选项,仍然是一种比较直观的图形界面。

Mission Planner 地面站的标准参数、高级参数、全部参数表/树等调参界面是为具有丰富无人机调参经验的用户准备的,里面包含了几乎所有跟无人机飞行、硬件设置及控制算法有关的参数。用户需熟知各种参数及其选项值的含义和对飞机的影响,否则某一个参数调整不当,会导致严重后果;如果调整得当,无人机将会成为十分"跟手""听话"的智能飞行器。

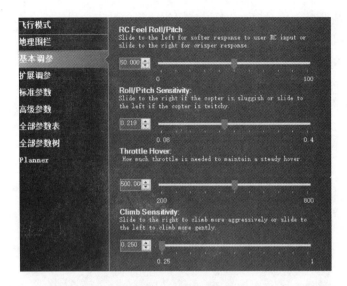

图 3-12　基本调参界面

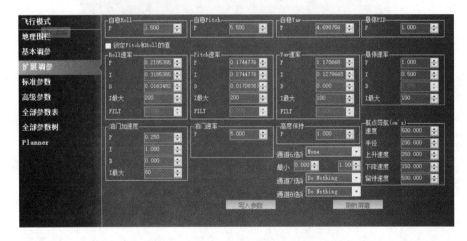

图 3-13　扩展调参界面

图 3-14　全部参数表界面

4. 任务规划

Mission Planner 地面站的一个最重要的功能就是进行任务规划,如图 3 - 15 所示。通过任务规划可为无人机设定航线、航点、航点任务、执行方式等,还能够使用地面站的自动任务规划功能帮助用户自动生成任务航线,非常方便。当飞行器处于自动(Auto)模式时,将按照地面站上传的任务航线进行飞行。Mission Planner 地面站的任务规划功能比较强大和丰富,而且得益于代码开源还预留有很大的用户开发空间。

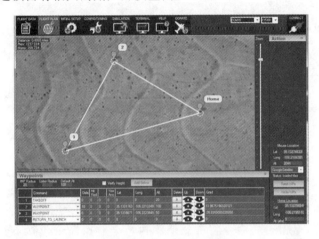

图 3 - 15　任务规划界面

图 3 - 15 显示了这样一个无人机任务:多旋翼无人机执行自动起飞命令并上升至 20 m 高度,然后爬升飞行至 100 m 高度的 2 点后等待 10 s,接着无人机将朝 3 点飞行并下降至 50 m 高度,随后执行返航至起飞点操作。当到达起飞点后飞机降落,任务完成。因为缺省高度是 100 m,因此返航着陆高度也是 100 m。

在任务规划中设置起飞点(Home Position)位置尤为重要。对于多旋翼无人机来说,默认起飞点是飞控板首次通电时记录的位置。而对于固定翼飞机,该点是 GPS 第一次锁定的位置。这意味着如果无人机执行返航(RTL,Return To Launch)模式,将自动返航到该位置。如果飞控默认起飞点位置不佳或者因其他原因不想让无人机返回这里,可以从右键菜单中单独设置起飞点位置,或者直接用鼠标拖动起飞点至目标位置,如图 3 - 16 所示。

图 3 - 16　设置起飞点

在航点设置画面的下方，有详细的航点规划及动作，可通过下拉菜单改变航点动作，并可通过地图鼠标拖拉改变航点位置，如图 3-17 所示。

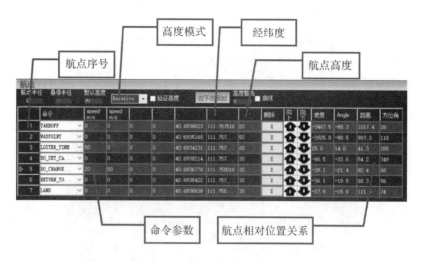

图 3-17　航点设置画面

航点命令下拉菜单中包含了大量的航点命令，如图 3-18 所示。每种飞行器只执行相关的命令和命令行参数，不相关的命令将被忽略不执行。航点命令包括 Navigation 导航命令、DO 动作命令和 Condition 条件命令。Navigation 导航命令用于控制无人机移动，包括起飞、移动到航点、改变飞行姿态、着陆等；DO 动作命令用于执行不影响飞行位置的辅助功能，比如相机快门、舵机抛投等；Condition 条件命令用于延迟 DO 命令，直至相应条件满足，如无人机达到指定高度和指定航点的距离条件。对于指定航点，一般先执行导航指令，只到完成导航任务或在航点一定误差范围内，然后再执行一些列动作命令直至条件命令完成。航点命令下拉菜单中主要命令及功能如表 3-1 所示。

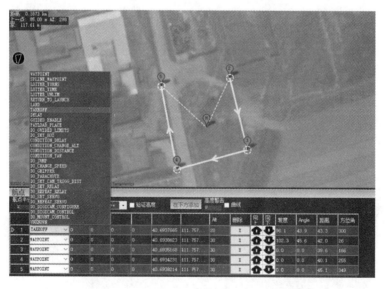

图 3-18　航点命令

表 3 - 1 航点命令下拉菜单中主要命令及功能

命令名称	命令功能
WAYPOINT	移动到指定航点
SPLINE_WAYPOINT	按照曲线形式航行到指定位置
TAKEOFF	起飞指令,所有任务的第一次指令
LAND	着陆到指定区域,退出 Auto 模式,切断动力
RETURN_TO_LAUNCH	返回起飞点或集结点
LOITER_UNLIM	飞到指定区域,然后盘旋
LOITER_TURNS	指定区域盘旋,给定盘旋半径
LOITER_TIME	指定区域盘旋,给定盘旋时间
DO_JUMP	切换到指定航点多次
DO_SET_MODE	设置飞行模式
DO_CHANGE_SPEED	改变目标水平速度或油门
DO_SET_HOME	动作,设置 Home Point 位置
DO_SET_SERVO	动作,设定给定的伺服输出管脚 PWM
DO_SET_RELAY	动作,设定指定输出管脚高/低电平
DO_REPEAT_SERVO	给指定舵机输出指定 PWM 和中立波,按指定周期循环次数
DO_DIGICAM_CONTROL	相机设置
DO_SET_CAM_TRIGG_DIST	自动设置拍照间隔距离
DO_MOUNT_CONTROL	控制相机云台
DO_SET_ROI	指定云台指向区域
CONDITION_DELAY	抵达航点后,延迟执行 DO 命令
CONDITION_DISTANCE	抵达当前航点指定的距离范围内
CONDITION_CHANGE_ALT	按指定爬升或降落速度改变至指定高度
CONDITION_YAW	航向更改

通过右侧行动菜单的相关按钮可以保存航行任务、加载航行任务,方便重复执行任务,如图 3 - 19 所示。读取航点用于从无人机下载先前执行过的任务,写入航点则用于将当前编辑好的任务上传给无人机以执行。另外 Mission Planner 地面站还提供包含谷歌、高德、必应在

内的多达80余种电子地图、卫星地图和高程、地形等地理参考系,方便全世界的用户选取符合当地标准的地图使用。

图 3-19　右侧行动菜单

在地图界面点击鼠标右键出现的地图工具菜单里还提供了离线地图功能,如图 3-20 所示。用户可以提前加载离线地图数据到地面站,避免在野外作业时因网络不佳无法连接地图数据。

图 3-20　预读离线地图

Mission Planner 地面站的另一便捷任务规划功能是自动航线功能,如图 3-21 所示。该功能可以让地面站在用户框选的作业区域内,根据任务载荷相关参数自动生成最优航线,并只能设置任务载荷(如相机等)的工作指令,同时用户还能够针对作业区的实际情况对自动生成的航线进行规划调整,大大减轻了用户的工作量。

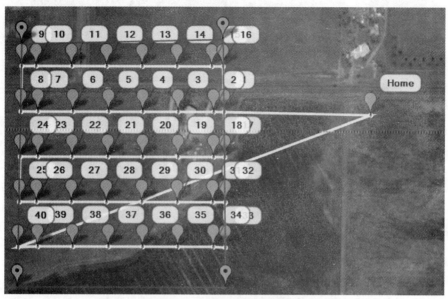

图 3-21　任务航线自动规划

以下通过一个案例来展示自动任务规划功能:

首先在飞行规划画面单击鼠标右键出现菜单,选择自动航点→Survey(Gridv2),如图 3-22所示。Mission Planner 将自动显示配置画面,如图 3-23 所示。

在配置画面右侧定义了无人机、相机及任务参数,如图 3-24 所示。

然后在地图区域框选任务区域,如图 3-25 所示。

图 3-22　规划自动航点

图 3-23 配置画面界面

图 3-24 定义相机及任务参数

图 3-25　框选任务区

　　地面站将自动生成任务航线并计算拍照距离、拍摄张数等数据。点击"Accept"按钮，接受这些参数，地面站将生成一系列航点覆盖指定区域（见图 3-26），包括起飞和着陆航点，设置相机快门指令的距离。Mission Planner 地面站会显示经过计算得出的测区面积、任务时间、成像精度、拍照次数等一系列的任务数据，如果用户对数据不满意，在确认执行之前还可以继续修改参数，直至预测数据符合要求。

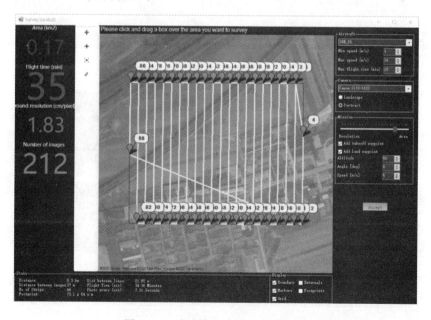

图 3-26　规划好的任务航点及航线

　　按照上面的示例执行任务后，会得到 0.17 km^2 测区的 212 张航测照片。

3.3　DJI GS PRO 地面站软件介绍

DJI GS PRO 地面站是我国著名无人机制造商大疆创新（DJI）专为旗下无人机产品在行业应用领域设计的 iPad 应用程序，如图 3-27 所示，它可通过地图选点、飞行器定点、文件导入等多种方式创建不同类型的任务，使飞行器按照规划航线自主飞行。DJI GS PRO 地面站适用于 iPad 全系列产品及 DJI 多款飞行器、飞控系统及相机等设备。可广泛应用于航拍摄影、安防巡检、线路设备巡检、农业植保、气象探测、灾害监测、地图测绘、地质勘探等方面。DJI GS PRO v2.0 及以上版本还支持个人作业和团队作业，数据独立，可满足用户的多种应用需求。通过订阅功能，还可实现云端服务器的数据上传与下载。

图 3-27　DJI GS PRO 地面站

DJI GS PRO 地面站可以实现自主航线规划及飞行，主要包括虚拟护栏、测绘航拍区域模式以及航点飞行三种任务模式，如图 3-28 所示。

图 3-28　三种任务模式

其具有如下特色功能：

（1）二维地图合成。首先，DJI GS PRO 地面站可根据用户设定的飞行区域及相机参数等，自动规划飞行航线，执行航拍任务。任务完成后，用户将航拍照片导入 DJI GS PRO，DJI GS PRO 会根据这些照片直接进行二维地图合成，合成结果可为其他任务提供参考信息。用户还可以进行校正,从而更加准确地还原实际环境。

(2)虚拟护栏。DJI GS PRO 地面站的虚拟护栏功能可以在手动农药喷洒、初学者试飞、手动飞行等操作情形中保证飞行器的安全。通过虚拟护栏功能设定一个安全的指定飞行区域,当飞行器在区域内逐渐接近边界位置时,就会减速刹车并悬停,使飞行器不会飞出飞行区域,从而保证飞行安全,如图 3-29 所示。

图 3-29　虚拟护栏任务界面

(3)测绘航拍。DJI GS PRO 地面站提供测绘航拍区域模式、测绘航拍环绕模式与航线生成模式。测绘航拍区域模式即根据用户设定的飞行区域及相机参数等,自动规划飞行航线,执行航拍任务,用户将拍摄得到的照片导入 PC 端 3D 重建软件,可生成航拍区域的 3D 地图。在测绘航拍环绕模式下,参数设置与区域模式大致相同,飞行区域、飞行动作及参数、照片重复率等均支持用户根据需求设定,该模式可以帮助用户获得建筑物的 3D 视图。而航线生成模式则提供环绕模式及纵向模式两种全新航线,拍摄范围可全面覆盖建筑物,如图 3-30 所示。

图 3-30　测绘航拍任务界面

(4)航点飞行。用户可通过 DJI GS PRO 地面站自定义设置多个飞行航点,并支持为每个航点单独设置高度、航向、经纬度、云台俯仰、旋转方向和航点动作,让无人机自动完成复杂的飞行任务,如图 3-31 所示。

图 3-31　航点飞行任务界面

3.4　DJI GS PRO 地面站软件使用

下面以航测任务为例,简要介绍 DJI GS Pro 地面站的使用过程。

首先打开 APP,如图 3-32 所示,左侧的列表是当前规划好的任务,右侧调用的是苹果地图,也可使用高德地图。接下来点击左下角的"新建"按钮来建立航测任务。这时出现三个选项,选择"测绘航拍区域模式",来对一个大片区域进行航拍,如图 3-33 所示。

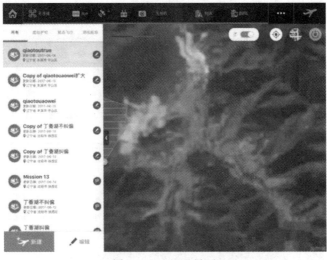

图 3-32　APP 界面

图 3-33　飞行任务界面

DJI GS PRO 地面站提供两种确定作业区域的方式——"飞行器定点"和"地图选点"。"飞行器定点"方式较为准确,但因为大疆无人机的飞行时间一般较短,电量非常宝贵,用"飞行器定点"方式会浪费很多电量,所以这里选择"地图选点"方式,如图 3-34 所示,根据地图显示的画面确定航测的方位和面积。

图 3-34　测绘航拍区域模式界面

点击屏幕就会出现一个航测区域,手动拖拽四个定点可以改变航测的面积和形状,同时也可以手动增加拐点,让航测面积更加灵活多样,如图 3-35 所示。

图 3-35　航测区域界面

由于任务的高度与成图的分辨率有很大的关系,需要在右边的菜单栏里选择好对应的云台相机以及任务的高度,大面积航测时应尽量选择等时间拍照,如图 3-36 所示。

图 3-36 相机设定界面

点击进入右侧菜单的高级选项之中,可以设置航测的叠片率,一般航向和旁向重叠率是80%和70%。接下来设置好云台俯仰角,正射影像图一般为-90°,拍摄 3D 立体时一般为-45°。最后设置好返航高度,确保返航时不会碰撞到障碍物,如图 3-37 所示。

图 3-37 任务设定界面

　　检查任务没有问题后,点击右上角的"飞机"按钮,程序开始上传任务和自检,如图 3-38 所示,通过后就可以点击飞行了。

　　整个任务过程包括起降都是全自动的,任务完成后左边菜单的任务变成一个旗子的标志,证明任务已经完成,如图 3-39 所示。

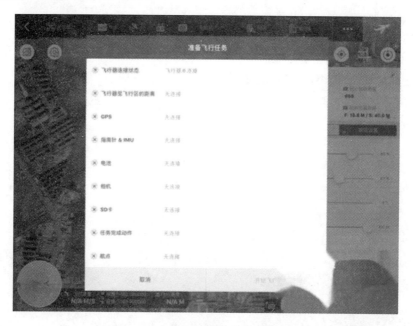

图 3-38　上传飞行任务和自检界面

图 3-39　航线上传成功界面

课 后 习 题

(1)Misson Planner 地面站主界面由哪几个主要部分组成？

(2)HUD 界面包含哪些模块？

(3)简述在 Misson Planner 地面站上进行一个典型的多旋翼任务编辑过程。

(4)DJI GS PRO 地面站有哪几种飞行任务模式？

(5)简述如何使用 DJI GS PRO 地面站进行航测任务编辑。

第4章 无人机任务规划基础

内容提示

本章是无人机地面站与任务规划的重要内容,对任务规划概念与功能进行阐述,详细介绍任务规划分类、方法、约束条件和优化,通过对本章的学习能够对任务规划的基本理论形成较清晰的思路,为后面章节的学习打下良好基础。

教学要求

(1)了解任务规划的概念;
(2)熟知任务规划的功能;
(3)掌握任务规划的分类与方法;
(4)理解任务规划的约束条件与优化方法。

内容框架

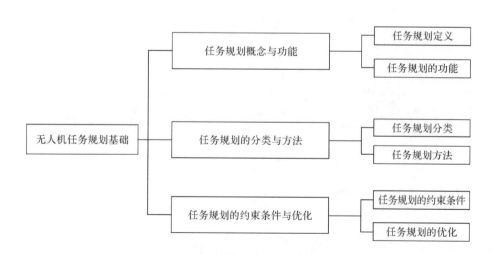

4.1 任务规划概念与功能

广义上的任务规划是指为实现任务制定的计划,从本质上来说,任务规划是一个函数问题,把任务目标和框架条件进行了最恰当的匹配。现代任务规划技术是集信息计算科学、计算机科学技术、自动化技术等多学科知识并与特定专业技能相结合的,被广泛应用在飞行器、水面舰艇、地面车辆以及人工智能等诸多领域的一门高新科学技术。

对于无人机来说,如何制定一条最理想的飞行路线,在保证无人机本身不受破坏的前提下,最大化地发挥无人机的作用,完成既定的飞行目标,是无人机任务规划的目的所在。在战场中,基于地形环境、敌方火力、气象变化等因素的考量也使得对无人机的任务规划变得日益复杂,对精度的要求也越来越高,面对如此之高的任务要求,对无人机的任务规划成为提高无人机技术的主要突破点。一套完善的任务规划系统对无人机在规避各种威胁因素的前提下,进行精确定位攻击目标或侦查目标的重要性可想而知;同时基于无人机体积比较小、功能相对简单、载荷量相对较小的特点,集团化作战必然是当今乃至以后无人机应用的重中之重,而各飞机间的指挥和统筹协调工作都将依赖于任务规划系统来完成。因此任务规划系统的优劣是无人机执行任务能力是否强大的决定性因素,它就像一台机器的 CPU,担负着为每架无人飞机提供任务信息的重要职责,负担着完成飞机间任务协调工作,要使每架飞机都发挥出最大作战能力的重要使命。简单说,无人机任务规划就是对现有的各架无人机安排任务并且要根据航路规划技术把飞行路线制定出来,在这期间,无人机指示的任务目标、现有的无人机数量及各个无人机不同的任务载荷要求都会对规划产生影响。

1. 任务规划定义

无人机任务规划(Mission Planning)是指根据无人机需要完成的任务、无人机的数量以及携带任务载荷的类型,制定无人机飞行路线并进行任务分配。

任务规划的主要目标是依据地形信息和执行任务环境条件信息,综合考虑无人机的性能、到达时间、耗能、威胁以及飞行区域等约束条件,为无人机规划出一条或多条自出发点到目标点的最优或次优航迹,保证无人机高效、圆满地完成飞行任务,并安全返回基地。任务规划系统结构如图 4-1 所示,典型任务规划系统如图 4-2 所示。

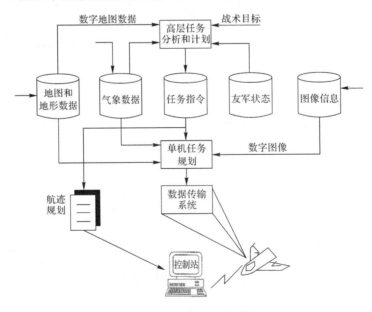

图 4-1　任务规划系统结构

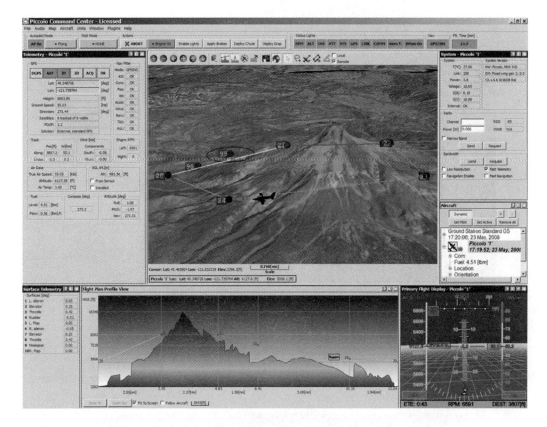

图 4 - 2　典型的任务规划系统

2. 任务规划的功能

无人机任务规划是实现自主导航与飞行控制的有效途径,它在很大程度上决定了无人机执行任务的效率。无人机任务规划至少需要实现三种功能,即任务分配功能、航迹规划功能和仿真演示功能。

(1)任务分配功能:充分考虑无人机自身性能和携带载荷的类型,可在多任务、多目标情况下协调无人机及其载荷资源之间的配合,以最短时间和最小代价完成既定任务。

(2)航迹规划功能:在无人机避开限制风险区域以及油耗最小的原则上,制定无人机的起飞、着陆、接近监测点、监测区域、离开监测点、返航及应急飞行等任务过程的飞行航迹,如图4 - 3所示。

(3)仿真演示功能:能够实现飞行仿真演示、环境威胁演示和监测效果演示。可在数字地图上添加飞行路线,仿真飞行过程,检验飞行高度、油耗等飞行指标的可行性;可在数字地图上标识飞行禁区,使无人机在执行任务过程中尽可能避开这些区域;可进行基于数字地图的合成图像计算,显示不同坐标与海拔位置上的地景图像,以便地面操作人员为执行任务选取最佳方案,如图4 - 4所示。

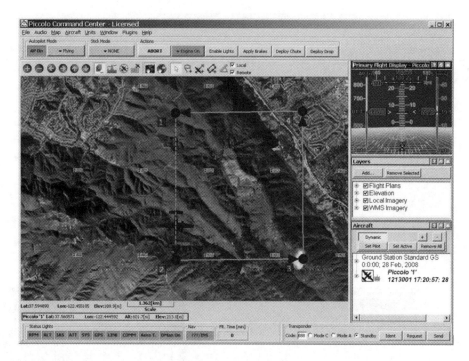

图 4-3　地面站航迹规划

图 4-4　地面站任务规划仿真演示

4.2　任务规划的分类与方法

1. 任务规划分类

(1)从实施时间上划分。任务规划可以分为预先规划和实时规划。

预先规划是在无人机执行任务前,由地面控制站制定的,主要是综合任务要求、地理环境和无人机任务载荷等因素进行规划,其特点是约束和飞行环境给定,规划的主要目的是通过选用合适的算法谋求全局最优飞行航迹。

实时规划是在无人机飞行过程中,根据实际的飞行情况和环境的变化制定出一条可飞航迹,包括对预先规划的修改以及选择应急的方案。其特点是约束和飞行环境实时变化,任务规划系统需综合考量威胁、航程、约束等多种条件,采用快速航迹规划算法生成飞行器的安全飞行航迹,任务规划系统需具备较强的信息处理能力并具有一定的辅助决策能力。

(2)从任务规划系统具备的功能划分。任务规划可包含航迹规划、任务分配规划、数据链路规划和系统保障与应急预案规划等,以下进行简单介绍。

在任务规划中,航迹规划是最基本也是最重要的单元,如何根据已知的地形、威胁信息、飞行性能等规划飞行航迹和任务指令是航迹规划和任务生成的关键。这需要综合应用导航技术、地理信息技术以及远程感知技术,以获得全面、详细的无人机飞行现状以及环境信息,结合无人机自身技术指标特点,按照一定的航迹规划方法,制定最优或次优路径。航迹规划一般分两步:首先是飞行前预规划,即根据既定任务,结合环境限制与飞行约束条件,从整体上制定最优参考路径并装订特殊任务;其次是飞行过程中的重规划,即根据飞行过程中遇到的突发状况,如地形、气象变化、未知限飞禁飞因素等,局部动态地调整飞行路径或改变动作任务。航迹规划流程如图 4-5 所示。

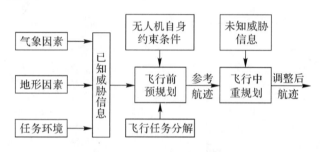

图 4-5　航迹规划流程

系统保障与应急预案规划是指综合考虑无人机系统本身的约束条件、目标任务需求和应急情况,合理设置地面站与无人机的配比关系,科学部署工作地域内的各种无人机地面站,制定突发情况下的无人机工作方案。规划应急航线的主要目的是确保飞机安全返航,规划一条安全返航通道和应急迫降点,以及航线转移策略(从航线上的任意点转入安全返航通道或从安全返航通道转向应急迫降点或机场)。

2018 年 6 月,美空军第 348 侦察中队一架 RQ-4"全球鹰"无人机(见图 4-6)在位于西班牙罗塔海军基地附近的加的斯湾坠毁。除无人机自身存在的部件故障问题外,任务规划特别是应急航线规划考虑不周也是导致该无人机坠毁的重要原因。

图 4-6　RQ-4"全球鹰"无人机

该机首先是发动机出现故障,操作员试图控制无人机转向西班牙罗塔海军基地,无人机在辅助动力的作用下滑翔近 1 个小时后,因无法抵达基地机场,最终坠毁在海岸附近。这表明无人机的飞行任务规划中并没有考虑应急迫降航线,以致这架"全球鹰"无人机在出现问题后没有任何航路点可供降落。

正常来说,在无人机执行任务的前几周,需将其飞行航路点编入飞行任务计划,无人机可使用预设位置自主飞行,无需操作员直接控制。但在该无人机的航线上,有 3 个比西班牙罗塔海军基地近的机场并未被编入飞行应急航路节点。如果此前将有关航路节点编入飞行任务计划,这架"全球鹰"无人机会选择一个最优机场进行降落,坠毁可能就不会发生。

此外,在此次事故中,第 348 侦察中队在操作无人机时没有保证 100% 的指挥、控制和通信覆盖率,也成为无人机坠毁的潜在因素。这也从侧面体现出数据链路规划的重要性。

2. 任务规划方法

(1)手动规划。手动规划也叫手动任务装订,是一种最简单的任务规划方法,即直接将预先制定好的航线中所有航路点的属性以及任务设备控制点的属性输入飞控计算机,使无人机按预定的程序飞行。如图 4-7 显示了手动任务装订的基本流程。

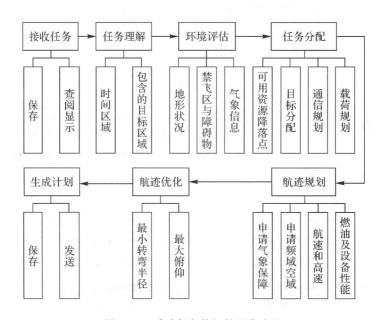

图 4-7 手动任务装订的基本流程

(2)自动规划。随着无人机功能越来越复杂和执行任务越来多样,手动任务规划由于费时费力且其容错率低和适应性低,因而逐渐跟不上要求。自动任务规划功能逐渐成为无人机地面站系统功能的标配,其流程如图 4-8 所示。自动任务规划的智能化和精细化将是未来的发展趋势。

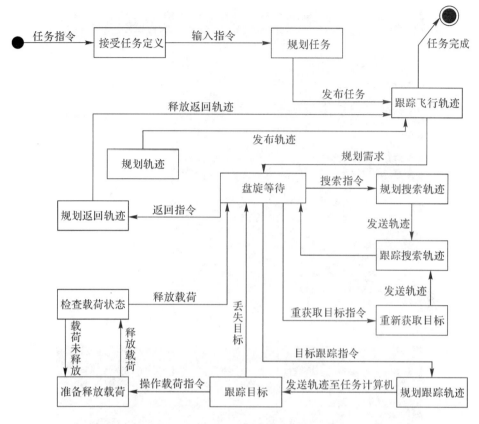

图 4-8　自动任务规划系统流程

现在市场上的大部分地面站系统都具备了自动任务规划功能,如前面章节介绍的 Mission Planner、DJI GS PRO 以及所有的农业植保用地面站系统都针对航测、航拍、植保等不同任务设计有不同的自动任务规划功能。几种常见的自动任务规划如图 4-9～图 4-11 所示。

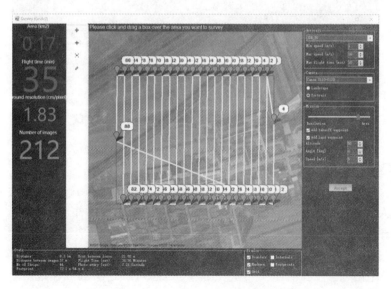

图 4-9　Mission Planner 自动任务规划

图 4-10 DJI GS Pro 自动航测任务规划

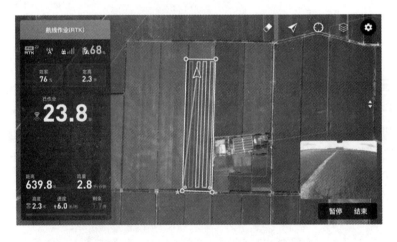

图 4-11 DJI 植保无人机自动规划农药喷洒路径

4.3 任务规划的约束条件与优化

1. 任务规划的约束条件

无人机任务规划往往要综合多方面的因素来做出合理的决策安排,一般而言需要从飞行环境限制、无人机性能限制、飞行任务要求和实时性要求等约束条件进行考虑。

(1)飞行环境限制。

无人机在执行任务时,会受到如禁飞区、障碍物、险恶地形等复杂地理环境的限制,如图4-12所示。因此在飞行过程中,应尽量避开这些区域,可将这些区域在地图上标识为禁飞区域,以提升无人机工作效率。此外,飞行区域内的气象因素也将影响任务效率,应充分考虑大风、雨雪等复杂气象下的气象预测与应对机制。

图 4 - 12　避开限制区的航线规划

（2）无人机性能限制。

最小转弯半径：无人机飞行转弯形成的弧度将受到自身飞行性能限制，无人机只能在特定的转弯半径范围内转弯。

最大俯仰角：限制了航迹在垂直平面内上升和下滑的最大角度。

最小航迹段长度：无人机飞行航迹由若干个航点与相邻航点之间的航迹段组成，在航迹段飞行途中沿直线飞行，而到达某些航点时有可能根据任务的要求而改变飞行姿态，最小航迹段长度是指限制无人机在开始改变飞行姿态前必须直飞的最短距离。

最低安全飞行高度：限制通过任务区域最低飞行高度，防止飞行高度过低，撞击地面而坠毁，最低安全高度任务规划模型如图 4 - 13 所示。

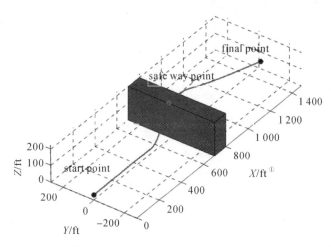

图 4 - 13　最低安全高度任务规划模型

注：①1 ft＝30.48 cm

(3)飞行任务要求。

航迹距离约束:飞行任务要求限制航迹长度不大于一个预先设定的最大距离,超出这个距离则任务失败。

固定的目标进入方向:某些特殊任务如军事侦察或者航拍,需要无人机从特定角度接近目标,这个时候就必须考虑这个约束条件。

(4)实时性要求。

由于任务的不确定性,无人机常常需要临时改变飞行任务,这对任务规划提出了实时性要求,无人机任务规划系统必须具备在线重规划功能。

2.任务规划的优化

尽管对于不同的无人机,任务目标和约束条件不同,但其任务规划总能归结为以下三点:

(1)选择和分类目标,使任务效能最大并满足约束条件;

(2)产生使无人机安全准时到达目标的轨迹;

(3)将任务控制与轨迹相匹配。

以上三个问题综合起来就是约束优化问题。对任务规划的结果进行检验和优化的过程,简单来说就是在满足各种约束条件需求的情况下,针对计算机生成的任务规划结果,选用合适的校验准则,如最短路径分析、最短时间分析、最高效费比分析等,并用校验准则检验航线上的每个点,若全部通过,则找到了一条可用的航线;如不通过,则找到不合适的航点及任务节点,应加以修改优化,直至所有航点满足校验准则。

课 后 习 题

(1)任务规划的概念是什么?

(2)任务规划有哪些具体功能?

(3)简述任务规划的分类。

(4)任务规划的主要方法是什么?

(5)任务规划主要考虑哪些约束条件?

第5章 无人机航测任务规划与实施

本章讲解无人机航测任务的规划与实施。首先简要介绍无人机航测任务及其特点,然后详细讲解无人机航测任务从准备、任务规划、外业操作到数据处理的整个流程及注意事项,最后对突发情况的处理方法进行介绍。

教学要求

(1)了解无人机航测任务的特点;
(2)掌握无人机航测任务规划方法;
(3)了解无人机航测外业操作流程;
(4)了解航测数据处理方式。

内容框架

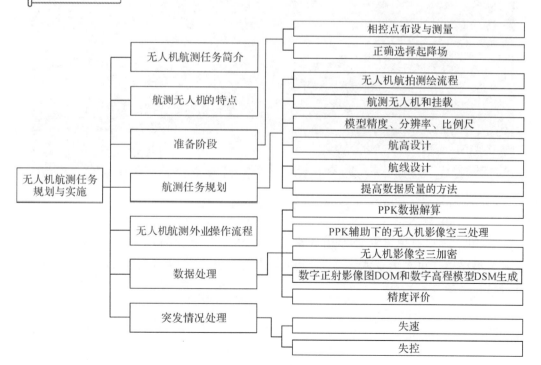

5.1 无人机航测任务简介

测绘就是测量和绘图。以计算机技术、光电技术、网络通信技术、空间科学、信息科学为基，以全球导航卫星定位系统(GNSS,Global Navigation Satellite System)、遥感(RS,Remote Sensing)、地理信息系统(GIS,Geographic In formation System)为技术核心,利用地面已有的特征点和界线。通过测量手段获得反映地面现状的图形和位置信息,供工程建设的规划设计和运行管理之用。目前生成测区地形图的技术手段包括航空或无人机摄影技术。无人机航测是传统航空摄影测量手段的有力补充,具有机动灵活、高效快速、精细准确、作业成本低、适用范围广、生产周期短等特点,在小区域和飞行困难地区高分辨率影像快速获取方面具有明显优势。随着无人机与数码相机技术的发展,基于无人机平台的数字航摄技术已显示出其独特的优势,无人机与航空摄影测量相结合使得"无人机数字低空遥感"成为航空遥感领域的一个崭新发展方向,无人机航拍可广泛应用于国家重大工程建设、灾害应急与处理、国土监察、资源开发、新农村和小城镇建设等方面,尤其在基础测绘、土地资源调查监测、土地利用动态监测、数字城市建设和应急救灾测绘数据获取等方面具有广阔前景。

本章将以一个使用无人机进行大比例尺测图的实际案例为例,讲解无人机航测任务规划与实施。本项目航飞测区的情况如图5-1所示,通过查看该地形图可以发现该工程地形起伏较大,测区最大海拔高差达到600 m以上,对无人机测图来说具有较大的挑战性。

图5-1 某项目航飞测区概况

另外,由于本项目甲方对地形图成果的高程精度要求较高,因而对外业数据采集和内业成图都提出了更高的要求。本项目使用的无人机测图应用中的技术路线如图5-2所示。

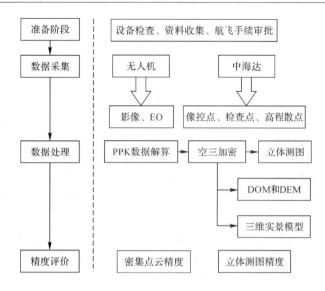

图 5-2 技术方案路线

5.2 航测无人机的特点

航测无人机作为工业级无人机大家族中专业性很强的一个分支,具有造价高、分类多、操控人员专业性强、对飞机性能要求高等特点。当遇到不同的测绘任务时,选择合适的航测无人机,也是能够顺利完成测绘任务的重要一步。

在选择航测无人机时有很多的注意事项,应根据实际情况、无人机摄区范围与用途来选择。下文列举了 3 种航测无人机的优点和适合方向。

(1)多旋翼无人机。其优点是轻便,造价相对低廉,可以定点悬停。适合航拍、环境监测、侦查、特殊物体运输等小区域应用。多旋翼无人机如图 5-3 所示。

图 5-3 多旋翼无人机

(2)固定翼无人机。其优点是续航时间长,抗风性能好,拍摄幅面广。适合航测、区域监控、管道巡线、抢险救灾、应急通信等大区域应用。固定翼无人机如图5-4所示。

图5-4 固定翼无人机

(3)垂直起降复合翼无人机。其优点是续航时间适中,载重量大,起降不受场地限制。适合区域航测、灾情调查、电力勘察、事故勘察、刑事侦查等重点区域应用。垂直起降复合翼无人机如图5-5所示。

图5-5 垂直起降复合翼无人机

根据分析,本项目适合采用垂直起降复合翼无人机作为航测无人机。

5.3 准备阶段

准备阶段首先要检查设备的状态,完成航飞前的各项审批手续,提前向当地有关部门报备。然后收集测区已有的数字正射影像图(Digital Orthophoto Map,DOM)、控制点、水准点等资料,并在卫星地图上对测区的地形起伏情况做初步分析,提前布设像控点点位、选择起降场等。

1. 像控点的布设与测量

像控点就是在进行无人机航测时,通过使用实时动态技术(Real Time Kinematic,RTK)或者全站仪(大多数情况都是使用 RTK),在所拍摄的测区内建立具有标志性的真实坐标点。通过所设的像控点,可以对后期无人机航测出的坐标点进行矫正,从而完成无人机的测量。内业处理采用像控点处理,前半部分图像导入及相机参数设置流程一致,从输出坐标系操作开始有区别,操作过程如下。布设好的像控点需考虑以下四点:选择合格的像控点、选择标记方式、位置选择、采集方法。

(1)选择合格的像控点。

像控点就是摄影测量的标志和控制点,像控点应分布均匀、平整,高差不能太大,选点需要考虑是否会被遮挡。

1)像控点需选择较为尖锐的标志物,以提高内业精度,常见像控点如图 5-6 所示。

2)像控点标志物尺寸应大于 70 cm,并明确指出具体点位是标志物的哪一部分。

3)若工作人员选择地物特征点作为像控点,应选择较大地物,且提供现场照片 2~4 张,辅助内业人员寻找像控点,如图 5-7 所示。

4)现场照片内应同时包含像控点及周围地物特征,并在照片内清晰指出像控点所在位置及编号(默认照片中对中杆所在位置即为像控点)。

图 5-6　常用的像控点形状

图 5-7　选用地物特征点作为像控点

(2)标记方式。

像控点应选择能够持久存在的物体,如喷漆(喷绘宽度不得低于 30 cm)、胶布等。像控点有标靶式像控点和油漆式像控点。油漆式像控点又分为喷漆式和涂漆式两种。像控点标志物应与地表颜色形成鲜明对比(如,深色地标贴白色胶带,白色地面贴红色胶带)。

标靶式像控点:标靶式像控点为打印印刷的像控点,不需要喷涂,直接放在测区内,航测后可就地回收。优点是比较低碳环保,缺点是容易被移动,需当场采集坐标,且不适合测区较大的项目。

喷涂式像控点:喷涂式像控点保存时间长,位置固定,可飞后再采集坐标。优点是更灵活,缺点是耗时较长。

涂漆式像控点:涂漆式像控点会产生较大的气味,不环保,但一罐漆能做很多个点,像控也比较容易做直。

(3)位置选择。

像控点尽量选择平坦地区,避免树下、屋角等容易被遮挡的地方,如图 5-8 所示。

视野:空旷,四周无遮挡或者较少遮挡,避开有阴影的区域。

坡度:尽量少在坡度较大的地方做点,因内业刺点时会有些许无法避免的偏差,如在坡度较大的地方刺点,那么偏差值就会被放大,影响模型精度。

预计被破坏程度:在工地或者其它扬尘比较大的地方,以及他人居所门口,像控容易被覆盖,被破坏。

重叠度:通常在五六片重叠范围内,距离相片边缘要大于 150 像素,距离相片上的各种标识应该大于 1 mm。同时,像控点要在旁向重叠度的中线附近,如果旁向重叠度过小,则需要分别布点,但控制区域所裂开的垂直距离要小于 2 cm。

位置:包括测区边界的所有拐点,根据比例尺及分辨率要求在测区内均匀布设。

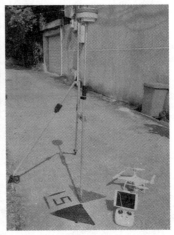

图 5-8　像控点位置选择及测量

(4)采集方法。

测区内的像控不必密集,但要求均匀分布。采集时尽量采用三脚架以保证采集精度,但较耗时。双手持花杆让气泡居中会让转场移动的时间减少,10 次平滑采集也能让精度相对较高,是性价比较高的采集方式。布设像控点的人员应提供像控点实际分布情况。

由于地物识别分辨率为影像分辨率的 2 倍,因此在布设人工靶标时其宽度应当大于 15 cm。本项目按照定位定向系统(Position and Orientation System,POS)辅助航摄区域网布点方案(参照 CH/Z 3004－2010《低空数字航空摄影测量外业规范》),即平面控制点采用角点布设法,并根据需要加布高程控制点,控制点平均间距约为 1 km,本项目像控点分布如图 5-9 所示。

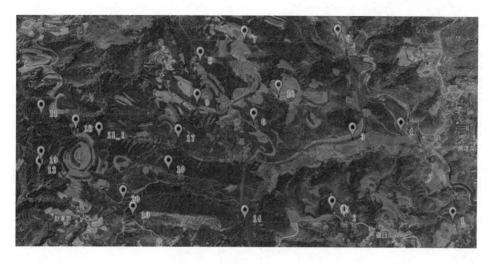

图 5-9　本项目像控点分布

2. 正确选择起降场

使用无人机进行测绘飞行时,起降场地的选择其实是非常重要的一个环节,无人机的炸机事故,绝大多数都是发生在起飞和降落阶段,起降场地的选择是安全飞行的第一步。另外在进行飞行任务时,对于应急备用起降场地的选择很容易被忽视。起降场地的选择应遵循以下原则:

(1)距离军用机场和商用机场 10 km 以上。

(2)起降场地平坦,视线良好。

(3)远离人口密集区,如广场、集市等地点,200 m 飞行半径范围内不能有高压线、高大建筑物和重要设施。

(4)起降场地周围表面无明显突起、树桩和小水塘,尤其是不能有轻质量的杂物,比如塑料袋等。

(5)附近没有正在使用的雷达站、微波中继、无线通信等干扰源。

飞行过程中,需要设定合适的备用起降场,以备出现一些特情时,能够将飞机就近降落,避免重大损失。选择备用起降场的原则如下:

(1)场地尽量符合前述起降的要求。

(2)远离密集人群、住宅区域。

(3)尽量在测区内选择多处能够满足迫降的区域。

5.4　航测任务规划

1. 无人机航拍测绘流程

测绘无人机小组航拍小组配备 2～3 人即可,航拍任务结束后对数据进行快速检查,检查合格后即可带回进行后续的数据处理工作,完整的航拍测绘流程如图 5-10 所示。

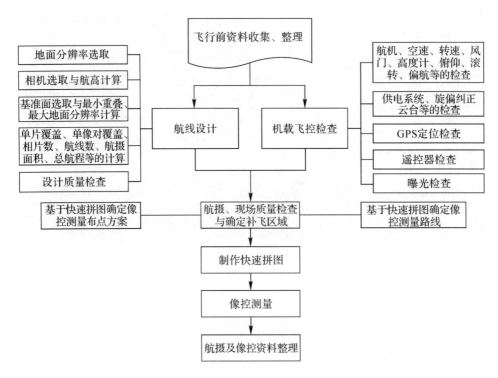

图 5-10　无人机测绘流程图

2. 航测无人机和挂载

本项目航摄采用垂直起降无人机,如图 5-11 所示。其包含单镜头航测模块(1×4 240 万像素,焦距 35 mm,像素大小 4.53 μm)和五镜头倾斜模块(4×2 400 万像素,焦距 35 mm,像素大小 3.92 μm),如图 5-12 所示。

图 5-11　Z4 垂直起降复合翼测绘无人机

图 5-12　航测任务挂载(4 240 万像素正摄相机模块)

3. 比例尺、分辨率、模型精度

(1) 比例尺。

概念:比例尺表示图上一条线段的长度与地面相应线段的实际长度之比。

公式:比例尺＝地图距离/实际距离。

表示方法:数值比例尺、图示比例尺和文字比例尺。

(2)影像分辨率。

概念:影像分辨率是指地面分辨率在不同比例尺的具体影像上的反映。

公式:影像分辨率＝地图距离/像素。

(3) 地面分辨率。

概念:地面分辨率是以一个像素(pix)为代表的地面尺寸(m)。

公式:地面分辨率＝实际距离/像素。

单位:m/pix。

(4)模型精度。

倾斜摄影的模型精度一般是照片分辨率的 3 倍,就是根据照片生成的正射影像的地面分辨率的 3 倍,如果生成的正射影像的分辨率是 2 cm/pix,那模型精度基本就是 5～10 cm。

公式:倾斜摄影模型精度＝同工程正射分辨率×3。

(5)比例尺、地面分辨率和模型精度的换算关系。根据以上概念,将比例尺、地面分辨率和模型精度的换算关系做以下简单梳理:

1)1:500 的比例尺,对应的地面分辨率是指地图上 1 m 对应地表 500 m。

2)1 m＝39.370 079 in。

3)按照正常的图像精度为 72 dpi 计算,1 in 包含 72 pix,那么 1 m 包含 39.370 079×72＝2 834.645 688 pix。

4)得到对应关系为 2 834.645 688 pix 对应地图上 500 m,分辨率为 500/2 834.645 688＝0.176 388 887 724 722 2≈0.18 m/pix。

5)1:500 的比例尺对应的地面分辨率接近 0.18 m/pix。那航拍精度模型也就要求 0.18 m,对应的航拍分辨率模型就是 0.06 m,也就是说航拍建模的时候拍摄照片的尺寸要达到 6 cm 以上。

4. 航高设计

对于航测无人机来说,可通过下式计算航高

$$H = \frac{f}{\text{pixelunit}} \times \text{GSD} = \left(\frac{35}{0.004\,53} \times 0.12 \right) \text{m} \approx 927\ \text{m}$$

式中,H 为航高;f 为镜头焦距;pixelunit 为像素尺寸;GSD 为分辨率。根据本项目要求影像分辨率优于 0.12 m,f 为 35,pixelunit 为 0.004 53,可计算航高为 927 m,即相对航高按照 927 m 设计。由于实际航飞区域面积大,需要进行分块航飞。在分块航飞时需考虑地形变化情况及重叠区域有公共的像控点,使得同一分区内部高差尽量小,且在满足重叠率的条件下需要最低点满足高差在 927 m 以内。

5. 航线设计

(1)设计航飞技术方案。如何通过设计合理的无人机航飞实施方案来提高项目成果质量是一个很关键的问题。设计航飞方案前应遵循以下航飞技术方案设计依据:

1)明确项目基本要求 。严格依据业主方提供的技术要求进行设计、组织,内容包括航空摄影、像控测量、DOM 生产、倾斜摄影模型生产,并最终提交符合规范和技术要求的数据成果。

2)明确工期要求。工期要求包括前期方案、手续完成日期要求,航摄开工、完工日期要求,数据成果提交日期要求。

3)明确技术方案的数学基础坐标系统、高程基准。

4)明确成果格式要求。成果格式要求包括原始航拍影像格式、POS 数据文件、像控点点之记样等,倾斜三维模型分辨率、平面精度等。

5)明确方案设计中的引用标准及作业依据,参考如下:

①《数字航空摄影测量空中三角测量规范》(GB/T 23236—2009)。

①《低空数字航空摄影规范》(CH/Z 3005—2010)。

③《数字航空摄影测量控制测量规范》(CH/T 3006—2011)。

④《全球定位系统实时动态测量(RTK)技术规范》(CH/T 2009—2010)。

⑤《IMU/GPS 辅助航空摄影技术规范》(GB/T 27919—2011)。

⑥《1:500、1:1000、1:2000 地形图航空摄影测量内业规范》(GB/T 7930—2008)。

⑦《1:500、1:1000、1:2000 地形图航空摄影测量外业规范》(GB/T 7931—2008)。

⑧《城市三维建模技术规范》(CJJ/T 157—2010)。

⑨《三维地理信息模型数据产品规范》(CH/T9015—2012)。

⑩《三维地理信息模型生产规范》(CH/T 9016—2012)。

⑪《三维地理信息模型数据库规范》(CH/T 9017—2012)。

⑫《数字测绘成果质量检查与验收》(GB/T 18316—2008)。

⑬《测绘技术设计规定》(CH/T 1004—2005)。

(2)无人机飞行方案设计要点。在制定无人机飞行方案时,需关注以下几个要点:

1)在便于施测像片控制点及不影响内业正常加密时,旁向覆盖超出摄区边界线不少于像幅的 15%,航向覆盖超出摄区边界线至少一条基线,可视为合格。

2)航向、旁向重叠度数据均优于70%,影像像点位移最大不超过1.5个像素,旋偏角一般不大于15°,在像片航向和旁向重叠度符合要求的前提下,最大不超过25°。

3)在一条航线上达到或接近最大旋偏角限差的像片不得连续超过3片;在一个摄区内出现最大旋偏角的像片数不得超过摄区像片总数的4%。

4)检查飞机起飞前和降落后惯性测量单元(Inertial Measurement Unit,IMU)、GPS 的工作时间,要求要至少达到10 min 以上。

5)进入摄区航线时为了避免 IMU 误差积累,宜采用左转弯和右转弯交替方式飞行,且每次的直飞时间不宜大于30 min,在20 min 内为佳(按飞机巡航速度420 km/h 计,航线长度一般不宜大于210 km,在140 km 内为佳)。

6)飞行过程中飞机的上升、下降速率一般不能大于10 m/s,飞行过程中的转弯坡度不宜超过20°,以免造成卫星信号失锁。

7)测区边界覆盖:旁向覆盖超出测区边界线不少于400 m。为便于施测影像控制点及内业正常加密,旁向覆盖不少于像幅的15%。

8)个别情况下,允许影像旋偏角大于15°,但不超过25°,保证航向旁向重叠度正常。

(3)落差区域无人机航测航线的规划要点。

1)高差引起的分辨率差异问题。根据 CH/Z 3005—2010《低空数字航空摄影规范》,测图比例尺与地面分辨率的选择关系如表 5-1 所示。

表 5-1　测图比例尺与地面分辨率的选择关系

测图比例尺	地面分辨率/cm
1:500	≤5
1:1000	8~10
1:2000	15~20

理想情况下,飞机和摄影基准面是保持一定相对高度的,维持某特定高度即可获取一定分辨率的图。而实际上,被摄地表往往是略有起伏的,会导致分辨率降低,如图 5-13 所示。

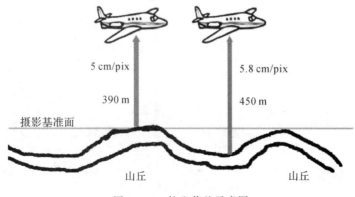

5 cm/pix　　　5.8 cm/pix

390 m　　　450 m

摄影基准面

山丘　　　山丘

图 5-13　航飞落差示意图

以常见的 35 mm 镜头为例，理想情况如图 5-13 中左边的飞机，在航测过程中与摄影基准面保持在 390 m 相对高度，即可得到分辨率为 5 cm/pix 的图。而实际情况可能如图 5-13 中右边的飞机，由于相对高度的抬升导致只能得到分辨率为 5.8 cm/pix 的成果。随着地形高差越大，其分辨率差别也就越大，对内业数据处理的影响也越大，特别是对于城市百米高楼等场景来说，弊端更为明显。

2）低落差区域的解决办法。面对较低落差——百米级别的落差区域，其理论分辨率与实际分辨率不一致的问题，一般较为常见的解决方法有以下两种。

①降低实际飞行高度。这是较容易就能想到的方法，也比较好实现。在测区无高层危险源、地形高差不是特别大的情况下可以采取这种方式。在实际飞行过程中，应根据规范要求，结合实际地形，将航高适当调低。测图比例尺与地面分辨率的经验值如表 5-2 所示。

表 5-2　测图比例尺与地面分辨率的经验值

测图比例尺	规范要求要面分辨率/cm	经验值/cm
1:500	≤5	4.5~5
1:1 000	8~10	8~9.5
1:2 000	15~20	13~17

一般所说的按多少分辨率能飞多少平方千米，大部分都以理想情况来计算，实际情况还是要根据使用者所在地区的地形特征来综合判断，但低落差地形一般偏差不会太大。

②更换长焦距相机。长焦距镜头能够支持无人机在安全的航飞高度作业，保证楼顶的实际重叠度和分辨率，实现高楼更好的精度与建模效果。

3）大落差区域解决办法。较为困难的是城市某些几百米的高楼、断崖、山峰、山谷等大落差的区域，不能笼统地规划统一航高去采集数据。这种情况已经无法用降低飞行高度和更换长焦相机的方法来解决了，往往会用到下面两种方法。

①分层飞行。根据 CH/Z 3005—2010《低空数字航空摄影规范》，分区内的地形高差不应大于 1/6 航高。分区最低海拔高度与 1/6 航高高度之和等于分区最高海拔高度，如图 5-14 所示。高于分区最高海拔的地方易造成重叠率不足，低于分区最低海拔的测区容易造成分辨率不足，所以需定义为下一分区的测区范围。

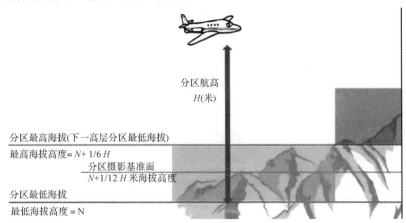

图 5-14　航行分区（绿色区域为该航高下可拍摄的区域）

在实际操作中,基于效率和成本的考虑,无人机一般按照 1/4 或 1/3 航高规划,既能节约一定架次成本,又能满足国内测绘市场制图需求。分层飞行规划方法如下:

第一,安装谷歌地球软件。

第二,画出测区 KML(Keyhole Markup Language,Keyhole 标记语言)图,以某大高差山脉为案例规划测区,如图 5-15 所示。

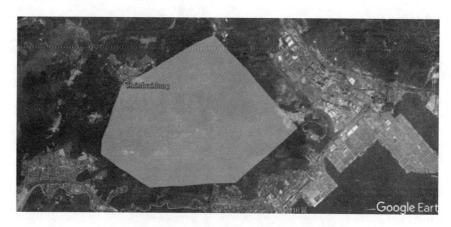

图 5-15　测区 KML 图

第三,以 35 mm 镜头为例,按照 1∶1 000 比例尺(实际规划为 8 cm/pix)作业。在此基础上,理论航线相对高度应为 620 m。

第四,查看测区的最高和最低点,查询方法如图 5-16 所示。

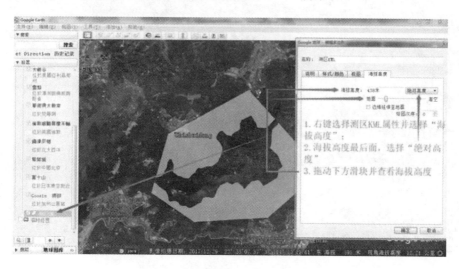

图 5-16　查看测区的最高和最低点界面

按此方法,可查出案例测区最高海拔约为 860 m,最低海拔约为 60 m。按上述所说的,620 m 的 1/3,也就约为 206 m。由图 5-14 所示公式可计算出,最高海拔为 266 m,基准面为 163 m,航线绝对高度为 680 m。简而言之,以 60 m 为最低海拔,往上抬高 206 m 的区域作为此分区的测区,如图 5-17 所示。

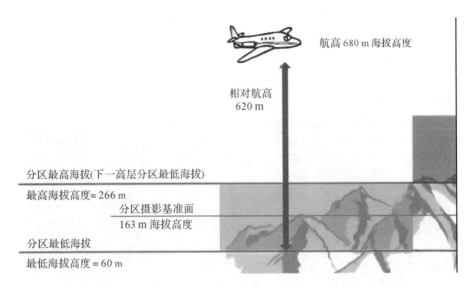

图 5-17 修正后的航高

第五,用上述方法,将海拔高度设置为 266 m,重新勾画新的 KML 区域,如图 5-18 所示。

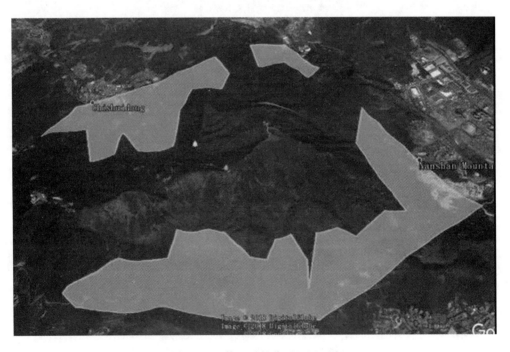

图 5-18 修正后的分区 KML 图

第六,由此可计算出,第 2 个分区最低海拔 266 m(也就是第 1 分区的最高海拔),最高海拔 472 m,基准面为 369 m,航线绝对高度为 886 m。

将测区海拔抬高到 472 m,根据第 1 个分区规划第 2 个分区的测区,如图 5-19 所示。

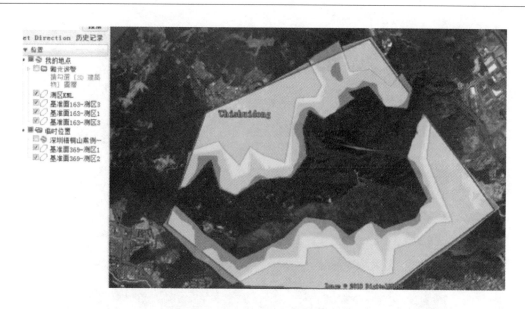

图 5-19　规划后第 2 个分区的测区

第七,后续步骤原理相同,即可得其他分区,如图 5-20 所示。

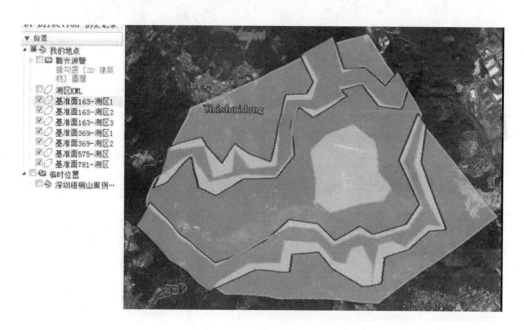

图 5-20　规划后的所有测区

②仿地飞行。仿地飞行是按照测区地物的起伏特点规划航线,使无人机相对地面的距离始终保持在一个固定范围内,从而保证获取航片分辨率的一致性,如图 5-21 所示。

图 5-21 规划的仿地飞行航向

仿地飞行航线规划一般需要借助第三方航线规划软件来实现。需要注意的是,仿地飞行需要导入数字高程模型,设置航点,需要事先飞行一次,与分层飞行方式相比,增加了作业时间和作业量。此外,仿地飞行无法对高压线等高层危险物做出很好的规避,在实际作业中,的确有客户因为没有设计好航线造成无人机挂高压线或者撞基站的情况发生,所以要根据实际情况,合理使用仿地飞行。

(4)航线规划时还需要注意以下方面。

1)复杂地形的航线设计注意事项。遇到困难的地形地貌时,需要飞行航线有较高的重叠率,以此来保证完整地建立模型,设计此类航线需要注意以下几点:

① 地面重叠率为航向重叠率的 85%、旁向重叠率的 75%。

② 如果进行匹配的模型少于 95% 的完整性(例如:少于 95% 的照片进行校准和用于模型构建),这就表明重叠率是不满足要求的。

2)带状地物的航线设计注意事项。遇到带状测区包含铁路、公路以及河流等,在航线设计时需要注意以下几点:

① 在为带状测区设计航线时,需要设计成双轨迹航带,在条件允许的情况下,航带越多成果越可靠。

② 设计带状航线时,控制点不是必须的,但有控制点还是有助于提高模型的位置精度以及完整性。

③ 在设计带状测区的航线时,不建议设计成单轨迹的航线,这有可能导致模型的扭曲与不完整。

④ 如果受条件所限,只能设计为单轨道航线时,控制点是必须要的,有了控制点才有可能避免在模型出现扭曲变形的情况。

⑤ 带状测区需要高重叠率:最好为 85% 的航向重叠和 70% 的旁向重叠率。

3)多区域航线设计注意事项。对于多区域航线而言,在进行航线设计时需要注意以下几点:

① 为了构建一个好的模型,设计航线时需要在两条航线间设计足够的重叠,两条航线之间最小的重叠率取决于地形地貌条件,理想地形地貌条件下为 75%、50%,复杂地形地貌条件下为 85%、70%。

② 两块区域之间至少要有两条航线重合。

③ 在多区域航线设计时尽量减少航线内的环境变化(例如:光照、天气条件、移动的物体、新的建筑等)。

(5)最终确定航线。测区的航摄飞行设计从保证产品质量、高效、经济的原则出发,综合考虑仪器设备的性能、地形、地势、高差、摄区形状、航高、航向重叠度、旁向重叠度等一系列要素,采用地面站进行航线设计,最终航线设计方案如图 5 - 22 所示。

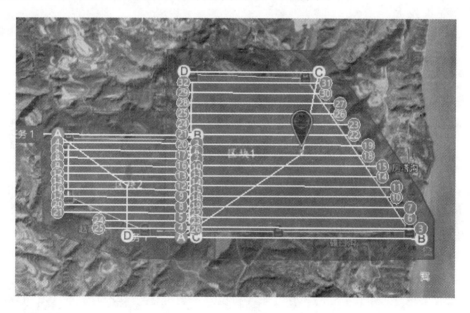

图 5 - 22　本项目航线设计方案

6. 提高数据质量的方法

(1)影像无人机测绘精度的因素。

像控点目标选取:外业像控点测量时,对目标点的选取主要取决于影像纹理的丰富程度。影像纹理弱、地形地势不佳的则直接影响外业点位选取精度,进而对内业刺点影响巨大,降低了成图精度。

相机质量:相机物镜存在较大色差和畸变差,畸变差使被摄物体与影像之间不能保持精确的相似性,造成影像几何变形。

飞行控制技术:无人机在航拍时受气流、风力、风向影响较大。因此,飞行时的航偏角、俯仰角、翻滚角等姿态角变化较大。

(2)提高无人机航测精度的解决方案。

1)提高像控点精度。

①使用 GPS 测量像控点的精度较高,误差小于 5 cm,能够满足大比例尺测图的技术要求。采用先布设像控点再航拍则内业转点的方法精度可提高至 1.5 像素以内,可将像控点精度提高至 0.1 m,同时也能解决相片控制点布设不均匀问题。

②避免选择有两面绝对对称的物体(形状和纹理都对称),例如单色立方体或有对应面一样纹理的立方体。

③避免有移动的物体在场景中,要保证被拍摄的背景环境是不变的。

④避免绝对平坦的物体,例如平口盘子等,有层次感会更好,也不要选择单色的背景,最好是选杂乱无章的图案。除了被合成的物体外,画面前景中不要有没用的物体。

2)设置合适的拍摄参数。

①航测任务开始前需先对测区地面进行测光,避免因相机参数设置错误导致影像模糊欠曝、过曝等情况发生。

②提高相机畸变参数精度。一是建立三维控制场,及时检测无人机航拍前、后的相机畸变参数;二是固定相机镜头,减小相机畸变参数变化对加密成果的影响。

③拍摄参数。拍摄前调试使用最合适的快门、光圈、ISO 值(感光度),ISO 感光度值,参数的设置须满足不出现运动模糊。参数相同点:都可以调节曝光的明暗度,光圈大、ISO 高、快门速度慢都会曝光过亮;不同点:光圈可调节景深,小光圈景深大,大光圈景深小,景深无法通过 ISO 快门来控制,这就是光圈和 ISO 快门的区别。ISO 除了明暗调节还有一个特点是降低画质,ISO 高了画质就会降低,所以升高 ISO 在三要素里是最后考虑的,实在不行才提高 ISO。相机的曝光时间选取和天气有着密切的关系,当光线条件不好的时候,应该尽量增加曝光时间,ISO 数值越小则相片质量越好,所以选择 ISO 数值较小。

④相机参数。在建模的过程中,需要知道相机感光体 CCD 的尺寸,说到传感器的尺寸,其实是说感光器件的面积大小,这里就包括了 CCD 和 CMOS。感光器件的面积越大,CCD/CMOS 面积越大,捕捉的光子越多,感光性能越好,信噪比越高。传感器尺寸越大,感光面积越大,成像效果越好。1/1.8 in 的 300 万像素相机效果通常好于 1/2.7 in 的 400 万像素相机(后者的感光面积只有前者的 55%)。而相同尺寸的传感器像素增加固然是件好事,但这也会导致单个像素的感光面积缩小,有曝光不足的可能。尽量选择高分辨率的单反相机,建议选 2 000 万像素以上。避免使用广角鱼眼镜头,最好是选择定焦镜头,如果使用变焦镜头,应将该镜头焦距设置成最大或最小值。

3)进行合理飞行提升数据质量。

①拍摄天气选择。影像的曝光过度或不足、影像的重影、散焦与噪点,将严重影响三维建

模的质量。为了避免这类曝光问题,在外出航拍时尽量提前看天气预报,选择光线充足的天气进行拍摄。在多云的天气拍摄比大晴天更好,在阴天飞行时,光照柔和均匀,比较有利于拍摄。当然我们可以通过安装滤镜模仿这种效果,减少由于地面反光、眩光造成的合成效果差。在光线不充足的情况下,可手动设置相机参数,增加光圈数值或提高 ISO,也可降低快门速度。任务过程中要适时调整相机参数,以适应较长的时间跨度。如果必须在晴天拍,最好选择中午左右使阴影区域最小化。

②飞行高度控制。飞机离地面越近,GSD 数值越小,则精度越高。从中也发现,地面起伏变化大的地区选取合适的飞行高度对提高精度也是相当重要的。在相机参数不变的情况下,无人机飞行高度(曝光点到地物的高度)是决定模型精度高低的关键因素。在满足精度的要求下,选择更高的高度进行飞行。更高的飞行高度可以让单个图像中覆盖更多的区域,可以提高无人机采集的效率。如精度要求较高,根据无人机影像采集设备参数,选择合适的飞行高度,高度越低精度越高,但采集的效率变低。

③重叠率的影响。模型重建要求连续影像之间的重叠部分应该超过 60%,物体的同一部分的不同拍摄点间的分隔应该小于 15°。规划航线拍摄时,建议采集航向重叠度 75% 以上,旁向重叠度不小于 70% 的影像。为实现更好地效果,更好地还原建筑,建议同时采集垂直和倾斜影像,并同时用小无人机低空采集高空相机拍不到的死角。增加旁向重叠率是让图像获得更好匹配的最简单方法,但是它会降低无人机的飞行效率。在航线规划期间增加航向重叠,这样可以让相机更快地拍照,从而提高航线上拍照的数量,但是受快门、RTK、存储的影响,最大的飞行速度会受限。

④坐标纠正。在国内使用,需打开坐标纠正。若关闭,平面坐标会偏移几百米。国外用户,坐标纠正偏默认关闭;若打开,平面坐标会偏移几百米。

⑤穿越航线。原则上各相邻的平行航线需要有一到两条穿越航线进行垂直穿越,以保证后期数据处理中航线的连接精确。

⑥小十字。飞行过程中的每个架次,为了对本架次数据进行精确的校正,即在每个架次的正式航线数据采集前或数据采集后都要进行检校场飞行,即小十字飞行。

4)拍摄后检查。

①数据异常。在飞行过程中可能会遇到极少的卫星信号瞬间失锁现象,或由于较恶劣的飞行条件,如较大的风或上升气流等造成飞机姿态变化较快时卫星信号不好,对于这种情况造成的 POS 数据有某些异常,应根据数据异常时间段是否在正式航线上和整个架次的 POS 数据精度来决定航线数据的有效性,对于无效数据的航线或架次将进行补飞。

②补飞。数据获取过程中可能会存在极少量的某些异常情况,造成某一区域的数据获取缺失等现象,及时检查任务影像,避免出现漏拍、错拍及由相机参数设置错误引发的照片质量不佳,发现后需及时进行补拍。对于产生数据漏洞的航线要进行补飞,补飞航线两端均要相应延长一部分,从而使得两次获得的数据能够很好地接边。

③拍摄好的影像,不要进行任何的编辑,包括改变尺寸、裁剪、旋转、降低噪点、锐化或调整亮度、对比度、饱和度和色调。

④CC 建模软件不支持拼接的全景图作为原始数据。

5.5 无人机航测外业操作流程

1.测量场地确定

(1)作业区域卫星图分析;

(2)准确抵达现场,识别作业区域范围。

2.飞行准备

飞行前的准备内容包括:选择航拍测绘设备、设计航线规划和设计飞行方案(确定航高及飞行速度、重叠度)。

3.判断天气条件

天气的好坏直接影响到航拍测量的效果,在出发航拍之前一定要掌握当日天气状况,并重点观察以下几点:

(1)云层厚度。多云天气或者高亮度的阴天最好。

(2)光照。光照不好应增加曝光时间,长曝光会影响相片清晰度,ISO数值低代表成像质量好。

(3)测定现场风速、风向。地面四级风(6m/s)及以下适宜,逆风出,顺风回。

(4)温度。0~40℃适宜,温度过高或过低影响电池稳定性及相机精度。

4.赶赴航测地点

确定天气状况、云层分布情况适合航拍后,带上无人机、弹射架、电台、电脑等相关设备赶赴航拍起飞点。通常事先对起飞点进行考察,要求现场比较平坦,无电线,高层建筑等,并提前确定好航拍架次及顺序。

5.地面像控点布设与数据采集

(1)像控点必须在测区范围内合理分布,通常在测区四周以及中间都要有控制点。要完成模型的重建至少要有3个控制点。每平方公里的像控点密度应满足测图比例尺的要求,均匀分布。控制点不要在太靠近测区边缘的位置。

(2)地面控制点采集数据应与要求的坐标系统相对应。

6.记录当天作业日志

记录当天风速、风向、天气、起降坐标等信息留备日后数据参考和分析总结。

7.架设弹射架

大型固定翼为保证飞机起飞平稳,需要架设弹射架,弹射架一般逆风架设。

8.建立无线电台和地面站

无线电链路用于地面站和无人机之间的通信。天线保证无遮挡,RTK基站保证架设稳定。

9.起飞前通信设备与地面设备检查

(1)遥控器与无人机通信正常、飞机与地面站通信正常;

(2)SIM卡安装检查,完成网络诊断及RTK连接、PPK系统的地面端及地面站检查。

10. 航线设定

上传航线任务,并检查。进行航线任务规划、完成相机设置完成分辨率、白平衡、快门速度、关闭畸变修正等。

11. 电量检查检查

飞机及遥控器电池电量,确保电池处于满电状态。

12. 无人机安装放置

固定翼无人机放置到弹射架或跑道,多旋翼放置到起飞平台。安装时需检查无人机各部件是否连接紧密,起飞平台是否稳固,弹射架供电接线是否正确连接,电力充足。

13. 起飞前飞机姿态角度调整

对于距离上一次起飞地点超过 200 km 的起飞地点,需对飞机进行校准,以确保飞机飞控正常。

14. 地面手动测试

进行手动遥控测试,将飞行模式调至手动遥控飞行状态,测试各通道是否能按指令操作。手动遥控模式主要用于无人机起飞和降落时遇特殊情况时的应急处理。

15. 起飞前机体及环境检查

起飞前要检查机体是否牢固,航拍相机与飞控系统是否连接,降落伞包应处于待命状态,应与风向平行,无人员车辆走动,等等。

16. 无人机起飞

各项准备工作完毕后,即可起飞。这时,发布命令,起飞。操作手应持手动操作杆待命,观察现场状况,根据需要随时手动调整飞机姿态及飞行高度。

17. 飞机工作状态监测

将遥控器天线发射面朝向飞行器,以获得最佳信号。电池电量不足可以手动结束任务,记录断点,更换电池后继续执行。同时,飞手需通过目视无人机时刻关注飞机的动态,地面站飞控人员留意飞控软件中电池状况、飞行速度、飞行高度、飞行姿态、航线完成情况等,以保证飞行安全。随时准备处理应急状况,这个过程主要做以下 3 个工作:

(1)对航高、航速、飞行轨迹的监测;

(2)对发动机转速和空速、地速进行监控;

(3)随时检查照片拍摄数量。

18. 无人机降落

无人机按设定路线飞行航拍完毕后,根据规划设置,默认自动返航。遥控操作手到指定地点待命。无人机完成飞行任务后,降落时应确保降落地点安全,避免路人靠近,在降落现场突发大风、人员走动等情况时,及时调整降落地点。

19. 数据导出检查

完成降落后检查相机中的影像数据、飞控系统中的数据是否完整。数据获取完成后,需对获取的影像进行质量检查,将 SD 存储卡中的图片导入电脑进行建图。对不合格的区域进行补飞,直到获取的影像质量满足要求。

20.设备整理

(1)检查飞机及遥控器剩余电量,更换收纳电池;

(2)将航测设备收纳整理,在指定位置装箱。

5.6　数 据 处 理

1.PPK 数据解算

采用 UAV-PPK 软件对 POS 数据进行预处理,获取 PPK 解算后的高精度 POS。

2.PPK 辅助下的无人机影像空三处理

采用 PPK 辅助进行无人机影像空三(空中三角测量)处理,选取试验子区块,从重叠度与倾斜角、相机自检校模型、外方位元素精度、外方位元素权值等多方面进行了精度分析。

(1)重叠度、倾斜角对定位精度的影响。

通过模拟飞行参数并将物方点反投影至每张影像生成像点观测值,通过求解区域网平差中的协方差矩阵来估计物方点多片前方交会的先验精度。分别模拟航向、旁向重叠度分别为 60/40、80/60、80/80、90/90,倾斜角分别为 $30°$、$45°$ 情况下的图像,根据区域网平差法方程的解来估计物方点的先验定位精度,其结果如图 5-23 所示。

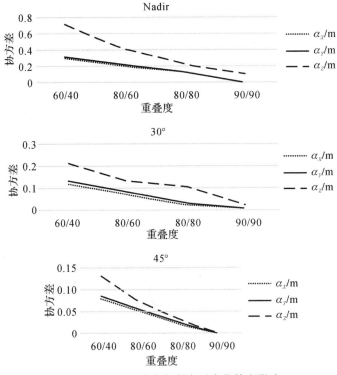

图 5-23　重叠度与倾斜角对定位精度影响

　　从图 5 - 23 中可以看出,随着航向重叠度或旁向重叠度的增加,不同倾斜角的情况下定位精度均得到了有效提升;当倾斜角为 30° 时,物方点水平方向的定位精度约为高程方向的 2 倍;当倾斜角为 45° 时,物方点的整体定位精度得到提高,且高程方向提升更显著,高程方向与水平方向的精度接近一致。相比传统的垂直摄影,倾斜摄影测量带来了以下两个方向的提升:

　　1)由于冗余观测值的加入,物方点的定位精度约为传统垂直摄影的 2 倍;

　　2)由于大交会角立体像对的引入,高程方向精度得到了显著提升,且精度与水平方向趋于一致。

　　(2)相机模型对定位精度的影响。

　　通过对自检校区域网平差模型的不同参数标定配置,分析相机模型对无地面控制点影像空三的定位精度影响,结果如图 5 - 24 所示。

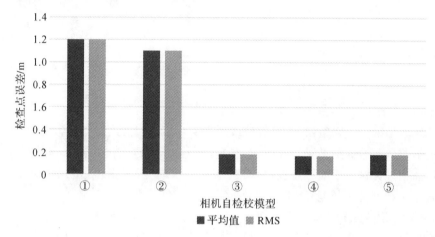

图 5 - 24　相机自检校模型对定位精度影响

　　按照自检校参数的不同,试验分为以下几种情况:

　　1)f,cx,cy,k1,k2;

　　2)f,cx,cy,kl,k2,k3,k4;

　　3)f,cx,cy,k1,k2,k3,k4,p1,p2;

　　4)f,cx,cy,k1,k2,k3,k4,p1,p2,b1,b2;

　　5)f,cx,cy,k1,k2,k3,k4,p1,p2,p3,p4,b1,b2。

　　从图 5 - 24 中结果可以看出:

　　当自检校相机模型仅考虑径向模型(k1,k2,k3,k4)时,无地面控制点平差结果收敛较差,检查点误差大于 1 m;这是由于相机的畸变模型欠拟合,无法拟合真实的畸变情况。

　　当自检校相机模型同时考虑径向畸变参数(k1,k2,k3,k4)和切向畸变前两项(p1,p2)时,无地面控制点平差收敛结果得到显著提升。

　　当自检校相机模型同时考虑径向畸变参数(k1,k2,k3,k4)、切向畸变前两项(p1,p2)和正交畸变参数(b1,b2)时,无地面控制点平差获得最优的收敛结果。

　　当继续增加切向畸变参数(p3,p4)项时,无地面控制点平差精度反而出现细微降低,推测这是相机模型过拟合造成的。

　　因此,对无人机的相机进行无地面控制点或稀少控制点影像空三时,自检校相机模型应选择此方案。

　　(3)外方位线元素精度对定位精度影响。

将最佳配置参数的平差结果作为外方位元素真值,外方位角元素不采用(初值为0),通过对外方位线元素真值添加指定标准差的随机扰动,分析外方位线元素精度对定位精度影响,结果如图5-25所示。在实验中,外方位线元素的权值(设置标准差)取实际精度。

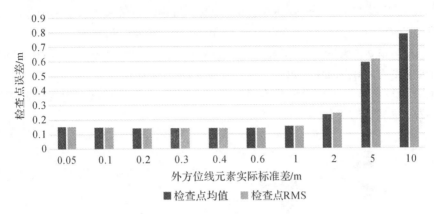

图5-25 外方位线元素实际精度对定位精度影响

从图5-25中结果可以看出:当外方位线元素实际精度(标准差)≤1.0 m时,无地面控制点空三都能够收敛至较好的结果(13 cm左右),这是由于在区域网平差将偶然误差在一定程度上消除掉。当外方位元素实际精度(标准差)≥1.0 m时,随着实际标准差的增大,意味着外方位线元素定位精度越来越差,无地面控制点空三的定位精度也越来越差。

因此,当外方位线元素能够获取优于1 m精度的初值时,无地面控制点空三的精度均可收敛至较好的结果。需要注意的是,上述模拟数据是在不存在系统误差的情况下,对真值添加1 m的随机误差。实际情况中,如果外方位元素中存在系统误差,则需要先消除系统误差后再进行空三处理。现有的RTK技术、CORS定位技术、PPK后处理技术均可以获取优于10 cm的定位结果,这为无地面控制点空三提供了可能。

(4)外方位线元素的权值对定位精度的影响。

采用软件对自检校相机模型(f,cx,cy,k1,k2,k3,k4,b1,b2,p1,p2)进行试验,在PhotoScan软件中通过改变外方位线元素的标准差来验证其对定位精度的影响,其结果如图5-26所示。

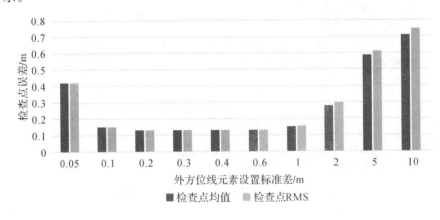

图5-26 外方位线元素权值对定位精度影响

从图 5-26 中结果可以看出:

当外方位线元素标准差与实际精度相符时(约 0.1 m),检查点含有最高的定位精度,该标准差允许一定的设置范围(0.05~1.0 m),均可以获取较好的定位精度。

当外方位线元素标准差值偏离实际精度越来越大时,外方位线元素的权值越来越小(约束减弱),检查点的定位精度越来越差。

当外方位线元素标准差偏离实际精度越来越小时,外方位线元素的权值越来越大,平差过程中初值权值过大导致无法收敛到正确结果,检查点的定位精度也越来越差。

3. 无人机影像空三加密

通过 Pix4Dmapper 完成空三加密、密集匹配和正射影像制作,如图 5-27 所示。通过 ArcGIS 10.2 执行模型优化和格式转换,并通过 EPS 和 AutoCAD 完成立体测图的地物采集和编图,地形图成果如图 5-28 所示。

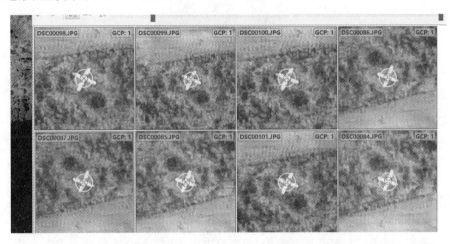

图 5-27　无人机空三加密

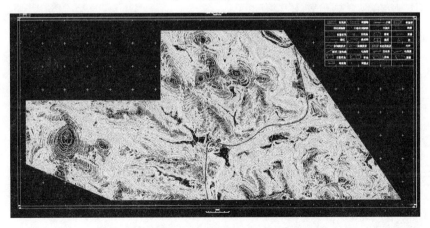

图 5-28　地形图成果(1:2 000)

4. 数字正射影像图 DOM 和数字高程模型 DSM 生成

采用 Pix4Dmapper 通过空三加密、密集匹配和正射微分纠正完成 DOM 和 DSM(Digital Surface Model,数字地表模型)的生成,其中一子区域的成果如图 5-29 和图 5-30 所示。

图 5-29 本项目试验子区块 DOM 成果

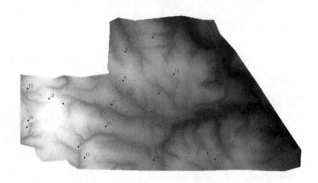

图 5-30 本项目试验子区块 DSM 成果

5. 精度评价

(1)检查点精度评价。

以实验子区域为例,该区域共包含 24 个像控点,其中 5 个设置为检查点。最终的空三精度如图 5-31 所示,检查点精度为 0.14 m。

Markers	Easting (m)	Northing (m)	Altitude (m)	Accuracy (m)	Error (m)	Projections
☑ XK007	543628.576000	3455188.444000	459.987000	0.005000	0.015417	11
☑ XK019	549493.547000	3455889.293000	358.996000	0.005000	0.023704	24
☑ XK008	543419.605000	3454125.732000	633.940000	0.005000	0.025804	18
☑ XK001	545230.202000	3456235.614000	424.385000	0.005000	0.030052	17
☑ jb03	550720.706000	3454995.335000	327.965000	0.005000	0.033448	11
☑ XK016	548260.065000	3455592.976000	301.415000	0.005000	0.034176	2
☑ BXK02	550679.300000	3454029.232000	187.623000	0.005000	0.036665	20
☑ XK002	546477.041000	3456502.381000	333.792000	0.005000	0.044311	18
☐ XK004	546577.012000	3455593.910000	283.997000	0.005000	0.048244	9
☑ XK012	545647.779000	3453880.165000	186.223000	0.005000	0.049662	10
☑ XK015	547188.191000	3454388.514000	201.510000	0.005000	0.052295	11
☑ BXk01	549085.070000	3454073.354000	168.920000	0.005000	0.053659	9
☑ XK010	545119.050000	3453282.849000	175.471000	0.005000	0.058232	23
☑ XK017	548328.481000	3454490.632000	174.392000	0.005000	0.058903	11
☑ jb02	550681.223000	3454017.801000	192.155000	0.005000	0.063913	12
☐ XK005	545102.791000	3455205.423000	324.764000	0.005000	0.073439	19
☑ XK014	547082.784000	3455507.785000	303.554000	0.005000	0.086957	13
☑ XK009	544229.405000	3453745.339000	315.045000	0.005000	0.093541	9
☐ XK020	548907.845000	3454822.778000	177.154000	0.005000	0.115469	8
☑ jb01	551207.813000	3455744.235000	472.187000	0.005000	0.130652	9
☑ XK011	544987.272000	3454458.674000	251.486000	0.005000	0.178416	8
☐ XK021	550143.352000	3454752.147000	244.077000	0.005000	0.189575	7
☑ XK023	551210.258000	3455739.726000	467.561000	0.005000	0.200207	7
☐ XK018	548653.371000	3455843.888000	365.687000	0.005000	0.208794	12
Total Error						
Control points					0.083441	
Check points					0.141836	

图 5-31 空三精度界面

（2）高程散点精度评价。

利用千寻测量的高程散点、密集匹配点云和立体采集的坐标进行精度评定。其结果如图 5－32 所示，密集点云与高程散点的高程差值标准差为 0.104 m。

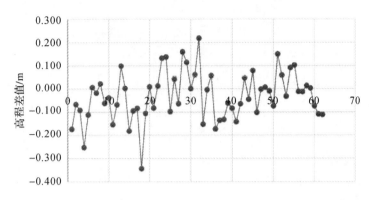

图 5－32　密集匹配点云精度

同时利用立体测图采集的坐标与高程散点比较，其精度统计如图 5－33 所示，立体测图与高程散点的高程差值标准差为 0.254 m。

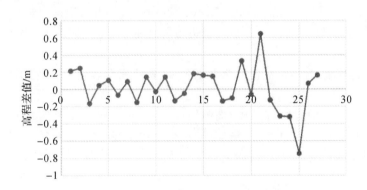

图 5－33　无人机影像立体测图精度统计

5.7　突发情况处理

1．失速

失速是指飞机超过临界迎角（攻角）后，翼型上表面气流边界层将发生严重的分离，升力急剧下降而不能保持正常飞行的现象。很多飞行事故都是由失速引起的，但失速本质上并非指飞机速度不足，而是指流经翼面的气流速度不足，不足以平滑地流动到后缘而形成紊流的情况，如图 5－34 所示为不同攻角情况下的气流情况。

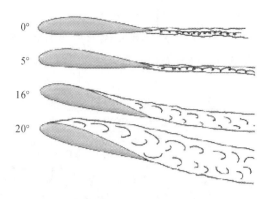

图 5 - 34　不同迎角下的机翼气流情况

（1）失速原因。

1）飞得过慢，升力不足以维持飞行。

2）飞机超过临界迎角（攻角）。

（2）失速征候。

1）飞机抖动并左右摇晃。这是由于机翼上表面气流强烈分离而产生大量涡流，引起升力时大时小和左、右翼的升力变化不均。

2）飞机下降、机头下沉。超过临界迎角后，会使气流分离，升力下降。另外，由于阻力增大，速度减小，也使升力降低。当升力不能维持飞机的重力时，就会使飞机下降，促使机头下沉。

（3）失速改出方法。

一旦出现失速现象，应当设法使机头向下俯冲，将势能合理地转换为动能，从而使飞机恢复速度改出失速。

操作方法为向旋转的方向打反舵，推俯仰杆，按实际情况决定是否推油门，以达到抑制飞机旋转同时使机头向下的目的，逐步加速，在恢复控制前最好不要做任何其他动作，否则会加剧失速甚至进入尾旋。待舵面恢复控制功能后，拉俯仰杆，缓慢抬升机头后补充油门保持平飞。

2. 失控

无人机遥控器使用需注意以下事项，否则会出现失控问题。

（1）遥控器天线的使用角度。许多人认为无人机遥控器天线尖端是发射信号的位置，所以尖端对着的地方信号最强。这是错误的，无人机天线的原理与 WiFi 相同，与天线平行方向的面才是信号最强的地方（见图 5 - 35）。用无人机遥控器天线的尖头对着飞行器，时信号最差。

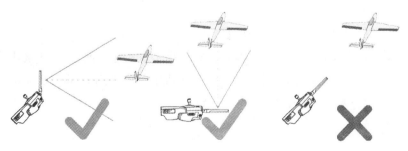

图 5 - 35　遥控器天线与飞机的相对位置

（2）无人机遥控使用双天线时一定要平行放置，如图 5 - 36 所示。

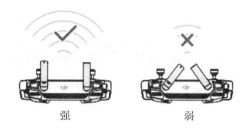

强　　　　　　弱

图 5 - 36　双天线的使用

（3）不能在狭小的空间或者高大的建筑物下使用无人机遥控器，如图 5 - 37 所示，此时容易出现无人机失控。

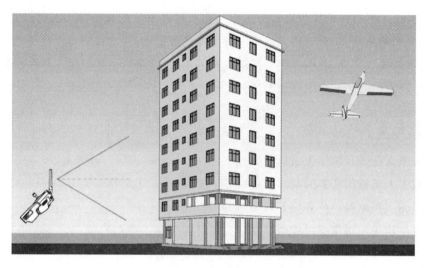

图 5 - 37　遮挡情况

课 后 习 题

（1）什么是像控点？其作用是什么？

（2）布设像控点的要求是什么？

（3）什么是精度、分辨率、比例尺？精度与分辨率的区别是什么？

（4）简述无人机外业操作流程。

（5）失速的原因有哪些？如何改出？

第6章　无人机植保任务规划与实施

内容提示

本章讲解无人机植保的任务规划与实施。首先对植保任务及植保无人机进行介绍;其次讲解植保任务的前期准备,重点讲解如何进行植保任务规划;再次讲解植保任务的实施以及实施后对无人机的维护保养,其中介绍农药配置及混用原则;最后讲解植保工作中容易出现的突发情况,并进行原因分析及提出处理办法。

教学要求

(1)了解植保任务及植保无人机分类;

(2)掌握无人机植保任务的前期准备;

(3)掌握无人机植保的任务规划与实施方法;

(4)了解使用无人机植保过程中突发情况的处置方法。

内容框架

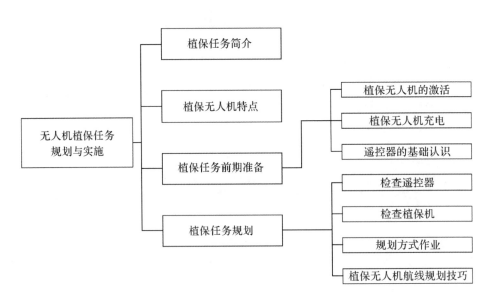

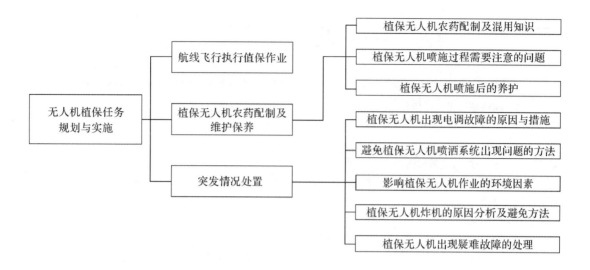

6.1　植保任务简介

无人机植保的任务过程属于植保服务工作流程中的执行任务作业环节,使用的重要设备为植保无人机。植保无人机,顾名思义是用于农林植物保护作业的无人驾驶飞机,该型无人机由飞行平台(固定翼、直升机、多轴飞行器)、导航飞控、喷洒机构三部分组成,通过地面遥控或导航飞控来实现喷洒作业,可以喷洒药剂、种子、粉剂等。

植保无人机具有作业高度低,飘移少,可空中悬停,无需专用起降机场,旋翼产生的向下气流有助于增加雾流对作物的穿透性,防治效果高,可远距离遥控操作,能避免喷洒作业人员暴露于农药,喷洒作业安全性高等诸多优点。另外,植保无人机喷洒技术采用喷雾喷洒方式至少可以节约 50% 的农药使用量,节约 90% 的用水量,这将很大程度地降低资源成本。用无人机喷洒的方式大大减少了人员聚集带来的接触风险。电动无人机与油动的相比,整体尺寸小,重量轻,折旧率更低,单位作业人工成本不高,易保养。

做植保飞防服务除需学会操作植保无人机以外,还应掌握相应的农业、农药和植保知识,不同的作物有不同的药液施用量和不同浓度的配比要求。另外还应对机器性能精确度要求掌握清晰,能够避免发生事故及进行应急处理。

6.2　植保无人机特点

目前国内销售的植保无人机主要为旋翼类无人机。按动力分为两类,即油动植保无人机(见图 6-1)和电动植保无人机(见图 6-2)。二者优缺点对比如表 6-1 所示。

表 6 - 1　油动植保无人机和电动植保无人机优缺点对比

	油动植保无人机	电动植保无人机
优点	①载荷大,15～120 L 都可以; ②航时长,单架次作业范围大; ③燃料易于获得,采用汽油混合物做燃料	①环保,无废气,不造成农田污染; ②易于操作和维护,一般 7d 就可操作自如; ③售价低,一般在 10 万～18 万左右,普及化程度高; ④电机寿命可达上万小时
缺点	①由于燃料是采用汽油和机油混合,不完全燃烧的废油会喷洒到农作物上,造成农作物污染; ②售价高,大功率植保无人机一般售价在 30 万～200 万; ③整体维护较难,因采用汽油机做动力,其故障率高于电机; ④发动机磨损大,寿命为 300～500h	①载荷小,载荷范围为 5～15 L; ②航时短,单架次作业时间一般为 4～10min 作业面积为 10～20 亩/架次; ③采用锂电作为动力电源,外场作业需要配置发电机,及时为电池充电

在机型结构上,无人机又分为无人直升机和多轴飞行器。无人直升机和多轴飞行器的优缺点对比如表 6 - 2 所示。

表 6 - 2　无人直升机和多轴飞行器优缺点对比

	无人直升机	多轴飞行器
优点	①风场稳定,雾化效果好,向下风场大,穿透力强,农药可以打到农作物的根茎部位; ②抗风性强	①入门门槛低,更容易操作; ②造价相对便宜
缺点	①一旦发生炸机事故,无人直升机造成的损失可能更大; ②价格高	①抗风性更弱; ②下旋风场更弱; ③造成风场散乱,风场覆盖范围小,若加大喷洒面积,把喷杆加长,会导致飞行不稳定,作业难度加大,增加摔机风险

图 6 - 1　油动植保无人机(直升机)

图 6-2　电动植保无人机(多轴)

6.3　植保任务前期准备

1. 植保无人机的激活

当我们拿到植保无人机时,第一件事是要进行植保无人机的激活,在激活之前需要完成以下准备工作,以确保快速地进行植保无人机的激活。此处以大疆植保无人机为例。

在大疆官网或大疆农服注册账号,账号注册时可以用电子邮箱或手机号码注册,建议使用手机号码注册,方便记忆,如密码丢失,也可快速找回,注册界面如图 6-3 所示。

←　　　　　　　注册

手机　　　　　　　邮箱

手机号码

　　　　　　　　　　　　　获取验证码

验证码

密码

密码需要8-20个字符,且包含字母和数字

我已阅读并同意用户细则及条款

图 6-3　注册界面

再对注册账号进行实名认证。根据国家法律法规,植保无人机需要进行实名认证登记,登记界面如图 6-4 所示。个人需登记身份信息以及联系方式,公司购买需登记公司信息以及操作手信息。

图 6-4 实名登记界面

在手机上下载大疆农服 APP，APP 二维码如图 6-5 所示。APP 具有以下功能：
(1)飞行数据统计：作业面积、作业时间、飞行轨迹等。
(2)地块管理：地块云端保存，重复调用。
(3)操作学习：植保无人机操作技巧、用药方案。

图 6-5 大疆农服 APP 二维码

对于账号必须完成飞手认证(获取基础飞行驾照或标准飞行驾照)，才能操控植保无人机，认证界面如图 6-6 所示。

图 6-6 飞手认证

在前期准备工作完毕后，就可以开始进行激活操作。一共有以下 4 个激活步骤。

(1)遥控器激活:在遥控器上登录已注册大疆账号。

(2)植保无人机激活:在遥控器内插入网卡,连接植保无人机进行植保无人机激活。

(3)充电器激活:使用遥控器或 DJI Assistant 2 For MG 调参软件连接遥控进行激活。

(4)网络 RTK 激活:遥控器与植保无人机连接,选择网络 RTK 激活,激活套餐,确认开始作业再激活,以避免浪费 RTK 有效使用时间。

注意,激活操作需要在网络良好且飞行器通电前提下进行。

2. 植保无人机充电

(1)遥控器充电。T20 植保无人机遥控器有内置电池与外置电池,先使用外置电池,再使用内置电池,总续航时间可达 4 h。

内置电池充电时注意一定要使用原装充电器,使用非原装充电器充遥控器会导致充电缓慢甚至无法充进电,并会有报警提示。使用原装充电器充电时间是 2 h 左右,建议中午和晚上进行充电,以保障遥控器正常作业时间。内置电池充电如图 6-7 所示。

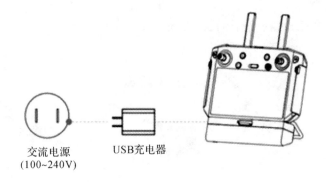

图 6-7　遥控器内置电池充电

外置电池充电时间比较短,只需 45 min 即可充满,一般作业时可更换外置电池保障续航时间。外置电池充电如图 6-8 所示。

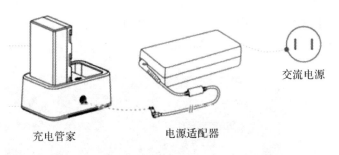

图 6-8　遥控器外置电池充电

(2)植保无人机充电。使用四通道 2 600 W 充电器时,建议将附赠导地接线连接外壳,否则充电过程中,接触充电器操作面板,可能会有静电。植保机电池充电如图 6-9 所示。

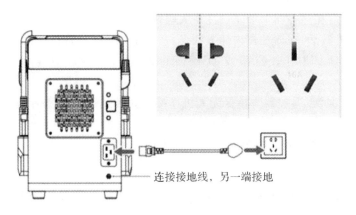

图 6-9　植保无人机电池充电

农户家庭电路一般承受功率较小,不可超功率使用,否则有可能造成线路烧毁,对农户造成损失。T20 植保无人机四通道充电器快充慢充都是 2 600 W,如果两个充电器同时使用,会造成线路老化甚至燃烧。

T20 植保无人机采用折叠设计,应当首先展开 2、6 号机臂,并将套筒拧紧,机臂依次展开。电机旋转属性及角度如图 6-10 所示。

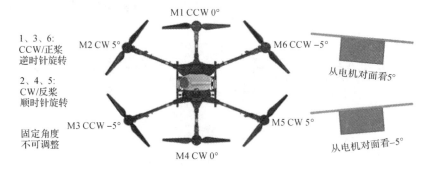

图 6-10　T20 无人机电机旋转属性及角度示意图

3. 遥控器的基础认识

(1)功能按键的操作使用。遥控器功能按钮位置如图 6-11～图 6-13 所示。

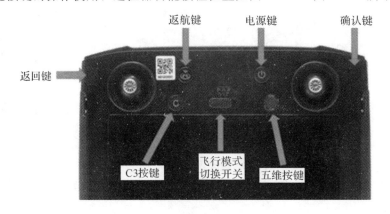

图 6-11　遥控器功能按钮(正面)

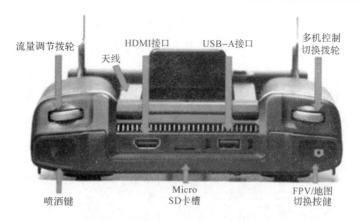

图 6-12　遥控器功能按钮(顶部)

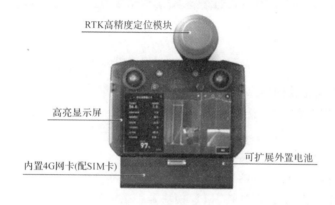

图 6-13　遥控器功能模块

遥控器操作分为左手油门与右手油门,大疆植保无人机要求出厂默认为左手油门,当我们拿到一个陌生的遥控器时,要确定是否是自己操作习惯的模式。下面我们以左手油门为例。如图 6-14 所示,展开遥控天线,操作时左右手拇指三分之一处分别按住操作杆,食指分别轻压喷洒键与 FPV/地图切换按键,其他手指拖住遥控器机身保持遥控器的稳定。

勿在手动操作时,拇指离开操作杆以及进行脉冲式打杆,手动操作时全程注意植保无人机飞行姿态,保持 6 m 以上安全操作距离。

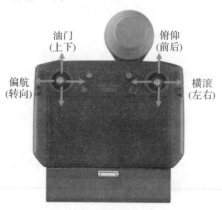

图 6-14　遥控器摇杆功能(左手油门)

（2）遥控器 APP 操作首界面如图 6-15 所示（每个按键标出来的数字，下文均解释了其用途）。

图 6-15　遥控器 APP 操作界面

首界面操作时，要记住的信息功能比较多，为了方便记忆与理解，将 APP 操作界面信息分成前期作业准备工作需要信息与植保无人机飘窗报错查看信息两类。

前期准备工作需要查看信息对应按键数字及功能如下：

1——任务管理，查看作业进度与规划地块。

2——用户信息，查看已登录的用户信息。

6——扩展件连接状态，检查外接 RTK 模块是否正常连接。

7——遥控器外置电量。

8——4G 无线网卡信号强度（当没有 4G 信号时，无法使用网络 RTK）。

9——遥控器内置电量（区分与遥控器外置的信息）。

10——固件升级提示，及时进行更新。

11——显示是否连接飞行器。

12——规划地块，可选择地块规划方式，进行地块规划。

植保无人机飘窗报错提示对应按键及处理办法如下：

3——设备管理，查看已连接设备信息，如固件版本等，可以通过升级固件处理版本报错信息。

4——故障排查，查看并上传各模块故障解决办法，若排查完故障问题依旧存在，进行日志上传，售后工程师将会第一时间通过上传日志对植保无人机进行数据分析，缩短故障维修周期。

5——通用设置，可设置网络 RTK、网络诊断、安卓系统等，当网络 RTK 精度过低时，可以进行网络排查。

（3）操作执行界面。如图 6-16 所示。执行作业界面的按键及信息非常多，因此将知识点归为三类：植保无人机基础状态信息，辅助功能设置，作地块信息及参数设置。

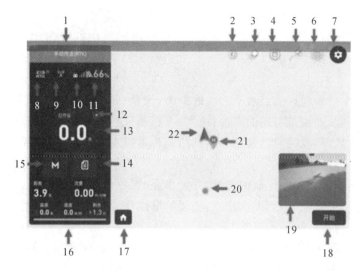

图 6-16　APP 操作执行界面

植保无人机基础状态信息如下：

1——显示飞行器模式、作业模式及各种警示信息,当这个区域飘窗有报错提示时一定要重视,因为这会直接影响到植保无人机是否正常作业。

7——显示 GNSS 或 RTK 信号强度及获取的卫星数,该区域变为绿色时,表示植保无人机飞行准备完毕,轻点该区域查看植保无人机各个系统是否准备完毕。

8——显示 RTK 基站类型,当颜色为绿色时表示卫星颗数满足起飞要求。

9——显示遥控器与飞行器之间、遥控器及图传信号强度,操作植保无人机时需要注意遥控器与植保无人机连接信号强度,当信号不好时,可以调整天线位置,寻找最强信号点。

11——实时显示当前电池剩余电量,这里显示的是植保无人机电池电量,注意跟遥控器电量做好区分。

12——避障功能是否开启,进入航线时会默认开启避障雷达,手动作业时,关闭避障雷达,雷达将不会提供避障功能,建议手动作业同样开启避障雷达。

辅助功能设置如下：

2——调整 FPV 摄像头曝光,提升夜间 FPV 画面清晰度。

3——擦除已作业轨迹,当飞行轨迹比较乱,影响作业时,可以擦除飞行轨迹。

4——点击可使地图显示以当前飞行器位置或最近记录的返航点位置为中心。

5——点击可使当前地图显示始终跟随飞行器位置,当在北方大田作业时,可以从始至终查看飞行状态。

6——点击可切换地图模式为标准、卫星或夜晚。

10——点击可设置飞行器各部分及遥控器相关参数。

作业地块信息及参数设置如下：

13——实时显示飞行器已作业面积,AB 点/自主航线模式显示的实际作业面积与真实面积相差不大,手动作业的亩数统计是默认一个喷幅来计算实际的喷洒面积的,如果飞行横移间距比较小,可能使统计结果偏大。

14——作业列表,点击可查看已规划地块与进行中的作业;规划好的地块可以进行选取,如当天作业完后,还有未作业完地块,第二天可以选取未作业完地块继续作业。

15——点击可选择 M/M＋AB 点作业模式,根据不同地块进行选择不同操作模式,默认是手动模式,新手进行操作时可以使用 M＋模式进行辅助飞行。AB 点模式,建议熟悉手动模式后再进行设置。

16——距离:飞行器与返航点水平方向的距离;流量:每分钟的喷洒流量;高度:飞行器与作物之间相对的高度,而不是与地面高度;速度:飞行器飞行速度;剩余:药箱剩余药量这些是植保无人机基础参数,作业时通过这些参数判断是否提前飞回加药点,设置参数是否合适。

17——返回主界面。

18——显示不同阶段控制作业的按钮:开始作业、暂停作业、继续作业、结束作业等。如地块已经打完,点击结束作业,否则下次作业,会显示继续作业,不当操作可能导致植保无人机向上一地块中断点飞行。

19——FPV 画面:点击可与地图切换全屏显示,在大地块作业时,熟练者会通过 FPV 摄像头进行飞行规划,或是手动作业判断植保无人机是否飞到地头,防止地头漏喷。新手应加强练习 FPV 视角飞行以提高作业技能。

20——显示遥控器实时位置,熟练者会通过遥控器与飞行位置确定是否在地头位置进行加药,以及判断植保无人机起飞点的安全距离。

21——返航点,显示返航点位置,当设置为失控返航时,植保无人机在失控情况下,将会返航到遥控器返航点位置。

22——显示飞行器实时位置。

6.4 植保任务规划

1.检查遥控器

外观检查:检查遥控器外观,展开天线并调整天线位置,不同的天线位置接收到的信号强度不同,如图 6-17 所示。当天线与遥控器背面呈 80°或 180°夹角,且天线平面正对植保无人机时,可让遥控器与植保无人机的信号质量达到最佳状态。

图 6-17 遥控器天线的正确角度

摇杆模式与电量检查:检查遥控器内置电池电量与外置电池电量,如图 6-18 所示。开机检查摇杆模式。当拿到一个陌生遥控器时一定要检查摇杆模式,市面上主流的摇杆模式分为左手油门与右手油门,如果不是自己习惯的摇杆模式应及时调整。开机过程中遥控器"滴滴"报警声是提示两种情况,一是遥控器电量过低,二是遥控器遥感未居于中位,需要进行遥控器摇杆校准。注意:在使用外置电池时,仍需要确保内置电池具有一定的电量,否则遥控器将无法开机。

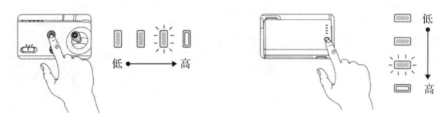

图 6-18　遥控器的电池指示含义

2.检查植保机

机臂:首先展开机臂 M2 和 M6,拧紧套筒,依次再展开机臂 M3 和 M5,M1 和 M4,拧紧套筒,最后进行着重检查。特别是当多人进行拧套筒操作时,非常容易出现忘记拧紧套筒情况,需有一名人员最终检查确认套筒是否安装到位,如图 6-19 所示。

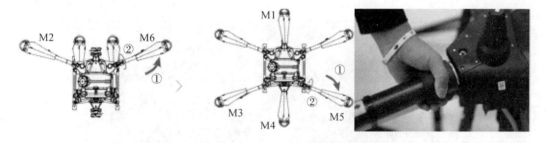

图 6-19　电动植保无人机机臂安装

电机:检查电机外观以及定期检查电机动平衡是否良好。

桨叶:将桨叶展开到 $160°\sim200°$,如图 6-20 所示。如未将叶展开启动植保无人机初期会造成电机动平衡失效,机臂、机身会伴有强烈抖动,长期可能损伤电机以及造成机身螺丝松动。

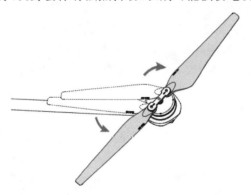

图 6-20　桨叶展开方式

电池检查:检查电池外观是否有破损、鼓包,检查电池电量是否满格,安装时需注意插上电池后,会听见"咔"的电池锁扣扣住的声音,确定电池锁扣锁紧,轻拉无法拔出电池,如图 6-21 所示。如果电池轻放于电池插座上,电池锁扣未扣紧在飞机端,飞机起飞震动使电池松动,将可能导致空中断电炸机。

错误示范：电池锁扣未扣紧　　　正确示范：电池锁扣已扣紧

图 6-21　电池锁扣

3. 规划方式作业

（1）规划方式。遥控器根据不同的应用场景内置三种规划方式：遥控器规划、RTK 模块规划、飞行规划。三种规划方式类似，主要区分在于规划的精度。规划方式选择界面如图 6-22 所示。

图 6-22　规划方式选择页面

遥控器规划：GNSS 规划精度较低，在无 RTK 覆盖地区或 RTK 网络套餐用完情况下可以选择 GNSS 作业。设置内缩距时需注意，当单边有障碍物时，需要将有障碍物单边内缩距调整在 2.5 m 以上。进行 GNSS 规划前，需要将 RTK 模块从遥控器上取下，使植保无人机处于断电情况，否则将无法进入遥控器规划。

RTK 模块规划：精度为厘米级别，远高于 GNSS 规划精度，使用 RTK 模块规划时需要将 RTK 模块安装在遥控器 USB 接口上，植保无人机处于断电状态，否则将无法进入 RTK 模块规划。

飞行规划：飞行规划速度相对较快，配合 FPV 摄像头能快速进行飞行打点，但操作难度较高，需要平时加强手动操作训练，特别适合北方地区大而规整的作业地块。此类地区用户需特别加强飞行器规划的技能操作训练。飞行器规划前需将遥控器 RTK 模块取下，否则将无法进入飞行器规划。

（2）RTK 模块规划流程。三种规划方式操作流程相似，现以使用 RTK 模块规划进行说明，打开 RTK 模块方式如图 6-23 所示。

图 6-23 RTK 模块规划打开方式

1)规划前准备。确保 RTK 高精度模块已安装至遥控器,点击"规划地块"选择"RTK 模块规划",在 RTK 设置中选择 RTK 信号源,并完成相应设置,确保界面上方状态栏为绿色。

2)添加航点。手持遥控器沿区域边界行走,在拐弯处点击"添加航点 C2",在行走过程中遥控器每一秒会自动生成一个白点,如在规划中忘记打点,后期编辑航点时可以通过白点作为参照进行补加航点,如图 6-24 所示。

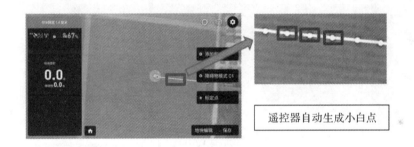

遥控器自动生成小白点

图 6-24 航点添加

3)障碍物的测量。障碍物的测量方式与航线规划方式相似,行走至障碍物附近,点击"障碍物测量 C1"围绕障碍物行走,点击"添加障碍物点 C2",测量完障碍物后需结束障碍物测量,如图 6-25 所示。

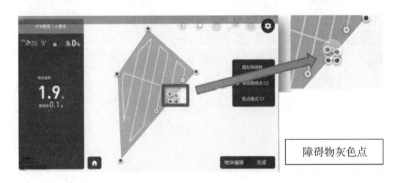

障碍物灰色点

图 6-25 障碍物测量

4)标定点的添加。行走至标定点实际位置,点击"标定点"。标定点用于纠正定位误差引起的航线偏差。在作业区域附近的开阔位置,选择一个或多个长期固定存在且易辨识的参照物作为标定点,如地钉或其他明显的标记物体,以便同一作业时纠正偏移,如图 6-26 所示。

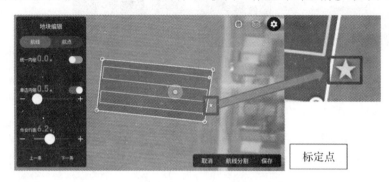

图 6-26 标定点添加

5)结束测量。

(3)地块编辑。地块编辑分为航点编辑与航线编辑,如图 6-27 所示。

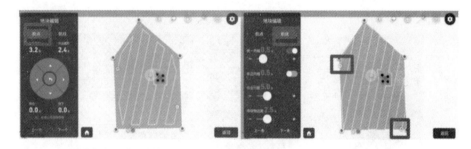

图 6-27 地块编辑界面

1)航点编辑。点击任意航点,可通过左侧圆盘调整航点位置,长按航线中任意位置添加障碍物,编辑添加或减少航点时需配合遥控器小白点进行参照,否则容易出现误差,一般情况下航点编辑较少使用。

2)航线编辑。

①航线方向调整:按住并拖动屏幕上的小黄点,调整航线方向,绿色点为作业起始点,黄色点为作业终止点。调整航线方向时,注意作业点位置变化,应选择最优的起始点位置。单击屏幕上的小黄点,在弹出的航向微调页面,微调航线方向后,点击保存。

②统一内缩距离:根据作业环境确定内缩距离,作业地块周围无障碍物,可将作业内缩距调小。

③单边内缩:单击屏幕所需要调整航线进行编辑,编辑时需要明确作业实际边界需要内缩位置,以免选错边界。

4.植保无人机航线规划技巧

在进行航线规划时,需要根据场地具体情况设置合理航线。掌握以下航线规划技巧能让飞防作业效率进一步提升。

(1)边距内缩原则。

1)有障碍时边界内缩距离。边界有障碍时,为避免植保机自动飞行过程中意外碰撞障碍物,需留出一定安全距离。假设植保机喷幅为 5 m,那么安全距离不论是预留 1 m 还是 5 m,都需要多一条作业航线,边界内缩距离应该选择更安全的 5 m。所以在边界有障碍物时,保守方案可以选择内缩一个喷幅的距离。

2)无障碍时边界内缩距离。边界无障碍物时,多数人认为边界内缩半个喷幅,刚好喷到边界最合适。然而田间作业环境多变,假如喷洒时来一阵风,半个喷幅的内缩很容易因为风吹造成漏喷。所以,在边界无障碍时,可以把喷幅覆盖范围设置超出田边界 1 m 左右(不影响周边作物情况下),这样可减少环境引起的漏喷情况。

(2)长航线原则。在规划航线时,航线长度越长越好。众所周知,植保机作业换行的过程相比正常航线飞行要慢很多。频繁换行会导致浪费时间与电量,如图 6 - 28 所示。所以,为了提高作业效率,降低作业成本,规划航线时应尽量以长航线为主,如图 6 - 29 所示。

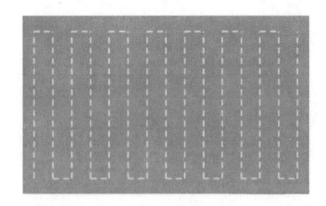

图 6 - 28　短航线换行频繁

不过,经过测试发现,当航线长度超出 200 m 后,提升的效率就不太明显了。比如,一块地长 200 m、宽 400 m,飞 200 m 的航线和 400 m 的航线效率相差不多,这时可以根据具体环境因素来决定航线长度。

图 6 - 29　长航线效率高

(3)坡地作业原则。

1)常规坡地作业航线。在规划坡地作业航线时,应该沿坡地等高线设置航线。设置成常规爬坡航线时,植保机在作业全程都需要比平地作业消耗更多动力,以完成爬坡、下坡。

2)等高线坡地作业航线。执行等高线航线,航线与在平地飞行作业是相似的,只需在短暂的换行时拔高、降低。与前一种航线作业方式比较,大大提升了作业效率并且降低了作业坠机风险。

3)坡地航线高度规划。以等高线作业航线为例分析,假如植保机的换行横移距离是 5 m,那么我们就需要知道,在当前作业的坡地上横移距离内,坡地高度的变化范围。

假如植保机横移 5 m,坡地高度升高 1 m,正常最低作业高度不小于 1.5 m,为保证植保机横移时足够安全,那么最低高度应该设置为 1 m+1.5 m=2.5 m。这样每次植保机横移时需升高 1.5 m。以上的安全高度可大幅减少发生意外的概率。

6.5 航线飞行执行植保作业

规划航线完成后,开始执行作业,起飞流程如图 6-30 所示。执行作业时,纠正偏移、投影点、中断点容易混淆,需对这些方面的知识进行梳理。

1.将飞行器放置于任一标定点　　2.在大疆农业APP界面点击"执行作业"　　3.点击图标,在"地块"标签中选择作业　　4.点击"编辑"可再次编辑航线点及航线

图 6-30　起飞流程

5.点击"调用",点击"纠正偏移",并保存　　6.点击"执行"　　7.设置作业参数,然后点击"确定"　　8.设置自动起飞高度,滑动滑块自动起飞并执行任务

续图 6-30　起飞流程

(1)常用的必须纠正偏移的场景有两种,纠偏效果如图 6-31 所示。

(a)　　　　　　　　　　(b)

图 6-31　纠偏的效果

(a)纠偏前,存在误差;(b)纠偏后,大幅减小误差

1)地块规划选择遥控器规划,植保无人机作业无论是否使用 RTK,必须纠偏。

2)果树场景:第一次调用导入遥控器的果树任务时,必须纠偏,后续继续调用相同任务,无需纠偏。

(2)纠正偏移的方法。

1)规划地块时,必须在空旷处设置一个长期固定的标定点。

2)纠正偏移时,植保无人机不能随便放置,必须准确放置在标定点上选择纠正偏移。

3)纠正偏移后,不要取消任务,可以从标定点处直接起飞,也可以将植保无人机搬到其他位置再起飞。

(3)投影点 3 个使用场景。

1)假如在航线中存在障碍物,植保无人机自动向前飞行,遇到障碍物避障悬停。手动控制植保无人机向侧面平移,手动向前飞行,手动旋转机头,通过摄像头画面查看是否完全绕开障碍物,点击右下角继续,选择投影点,选择投影点 1,飞行器自动垂直飞向接下来的作业航线,如图 6-32 所示。

图 6-32　投影点第一个使用场景

2)假如在航线拐点处存在障碍物,植保无人机自动向前飞行,遇到障碍物避障悬停,手动控制植保无人机向侧面平移,通过摄像头画面查看是否完全绕开障碍物,点击右下角继续,选择投影点,选择投影点 2,植保无人机自动垂直飞向横移的作业航线,如图 6-33 所示。

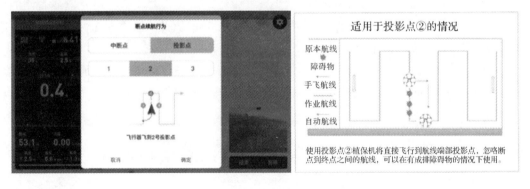

图 6-33　投影点第二个使用场景

3)假如在横移航线上存在障碍物,植保无人机自动向前飞行,遇到障碍物避障悬停,手动旋转机头朝向下一条航线,通过摄像头画面查看是否完全绕开障碍物,点击右下角继续,选择投影点,选择投影点 3,植保无人机自动垂直飞向旁边的的作业航线,如图 6-34 所示。

图 6-34　投影点第三个使用场景

（4）中断点。当作业时，植保无人机提示药量已用完，将植保无人机从中断点拉回后进行加药操作，药量加完即可选择中断点继续作业，植保无人机将会回到原航线的中断点。中断点的选取应配合植保无人机无药预估点进行选择，尽量避免中断点与加药点过远，造成植保无人机电池电量浪费，如图 6-35 所示。

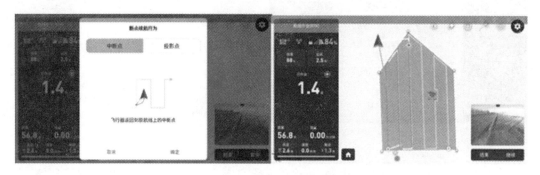

图 6-35　中断点

（5）统一内缩。

1）左右两侧桨叶。统一内缩为 0 m 时，飞行器中心距离飞行器飞行方向左侧或右侧的地块边缘为 2.5 m，T16 与 T20 型无人机左右宽度约为 2.5 m，因此飞行器左右两侧桨叶边缘距离地块为 2.5 m－1.25 m（半个机身）＝1.25 m。

2）前后两侧桨叶。统一内缩为 0 m 时，飞行器中心距离飞行器飞行方向前方或后方的地块边缘为 1.1 m，T16 与 T20 型无人机前后宽度约为 2.2 m，因此飞行器前后桨叶边缘距离地块为 1.1 m－1.1 m（半个机身）＝0 m。

6.6　植保无人机农药配制及维护保养

1. 植保无人机农药配制及混用知识

植保无人机市场日趋成熟，无疑，植保无人机给农业田间病虫害综合管理带来了福音，也是它使这一过程实现机械化成为可能。但是，病虫害防治的根本在于药剂，其次才是机械化。施用农药要讲科学，否则，不但达不到防治效果，还容易发生药害。在使用农药的过程中操作人员需注意以下问题。

(1)农药配制问题。

1)不能用井水配制农药。由于井水中矿物质含量较多,尤其是含钙和镁离子,将农药加到井水中容易产生化学作用形成沉淀,从而导致农药药效降低甚至是没有任何药效。

2)不能用易浑浊的活水配制农药。由于活水中杂质较多,特别是含砂量大的沟渠中的水进行配药更容易堵塞植保无人机喷头,而且还会破坏药液的悬浮性,产生沉淀。

3)不能随意加大和降低农药用量。要严格按照说明书上规定的或农技人员的建议用量用药,用药过少没有药效,用药过多可能产生药害和加大农产品中的农药残留,都会增加使用成本。

4)要注意农药配制时效问题。无论什么药剂都应现配现用,不能放置超过 3 h。农药配置场景图如图 6 - 36 所示。

图 6 - 36　农药配置场景

(2)农药混配问题。在植保无人机飞防作业过程中,为了减少用药次数,同时达到提高防治效果的目的,常常会遇到两种或两种以上的农药、叶面肥混配使用的情况。

农药混配虽有很多好处,但切忌随意乱混。不合理的混用不仅无益,而且会产生相反的效果。农药混用须注意以下几点。

1)农药混用次序。

①农药混配顺序要准确,叶面肥与农药等混配的顺序通常为:微肥、水溶肥、可湿性粉剂、水分散粒剂、悬浮剂、微乳剂、水乳剂、水剂、乳油,依次加入,每加入一种即充分搅拌混匀,然后再加入下一种。原则上农药混配不要超过三种,尽量减少可湿性粉剂的使用,以免引起植保无人机喷头堵塞。

②先加水后加药,进行二次稀释混配时,建议先在配药桶中加入一些水,加入第一种农药后混匀。然后,将剩下的农药用其他容器分别稀释,稀释后倒入配药桶中,混匀,以此类推。

使用无人机进行飞防作业应提前配药,有利于提高植保无人机作业效率。

2)农药混用原则。

①不同毒杀机制的农药混用。作用机制不同的农药混用,可以提高防治效果,延缓病虫产生抗药性。

②不同毒杀作用的农药混用。杀虫剂有触杀、胃毒、熏蒸、内吸等作用方式,杀菌剂有保护、治疗、内吸等作用方式,如果将这些具有不同防治作用的药剂混用,可以互相补充,会产生很好的防治效果。

③作用于不同虫态的杀虫剂混用。作用于不同虫态的杀虫剂混用可以杀灭田间的各种虫态的害虫,杀虫彻底,从而提高防治效果。

④具有不同时效的农药混用。农药有的种类速效性防治效果好,但持效期短;有的速效性防效虽差,但作用时间长。这样的农药混用,不但施药后防效好,而且还可起到长期防治的作用。无论混配什么药剂都应该注意"现配现用、不宜久放"。药液虽然在刚配时没有反应,但不代表可以随意久置,否则容易产生缓慢反应,使药效逐步降低。

⑤与增效剂混用。增效剂对病虫虽无直接毒杀作用,但与农药混用却能提高防治效果。

⑥作用于不同病虫害的农药混用。几种病虫害同时发生时,采用该种方法,可以减少喷药的次数,减少工作时间,从而提高功效。

无人机的农药罐装如图6-37所示。

图6-37 无人机的农药罐装

(3)农药混用的注意事项。

1)不改变物理性状。农药混合后不能出现浮油、絮结、沉淀或变色,也不能出现发热、产生气泡等现象。

2)不同剂型不宜混用。可湿性粉剂、乳油、浓乳剂、胶悬剂、水溶剂等以水为介质的液剂不宜任意混用。

3)不引起化学变化。

①许多药剂不能与碱性或酸性农药混用,在波尔多液、石硫合剂等碱性条件下,氨基甲酸酯、拟除虫菊酯类杀虫剂,福美双、代森环等二硫代氨基甲酸类杀菌剂易发生水解或复杂的化

学变化,从而破坏原有结构。

②在酸性条件下,2,4-D 钠盐、二甲四氯钠盐、双甲脒等也会分解,因而降低药效。

③除了酸碱性外,很多农药品种不能与含金属离子的药物混用。

④二硫代氨基甲酸盐类杀菌剂、2,4-D 类除草剂与铜制剂混用可生成铜盐,降低药效。

⑤甲基硫菌灵、硫菌灵可与铜离子络合而失去活性。

⑥除铜制剂,其他含重金属离子的制剂如铁、锌、锰、镍等制剂,混用时要特别慎重。

⑦石硫合剂与波尔多液混用可产生有害的硫化铜,也会增加可溶性铜离子含量。

⑧敌稗、丁草胺等不能与有机磷、氨基甲酸酯杀虫剂混用,一些化学变化可能会产生药害。

4)具有交互抗性的农药不宜混用。还有要注意的就是有些农药不能混合使用,如波尔多液、石硫合剂等碱性农药,氨基甲酸酯、拟除虫菊酯类杀虫剂,福美双、代森环等二硫代氨基甲酸类杀菌剂,杀菌剂多菌灵、甲基托布津等易产生交互抗性,混用不但不能起到延缓病菌产生抗药性的作用,反而会加速抗药性的产生,所以不能混用。因此一定要了解各种农药的性质,购买农药时间清当地农技人员后再使用。

5)生物农药不能与杀菌剂混用。许多农药杀菌剂对生物农药具有杀伤力,因此,微生物农药与杀菌剂不可以混用。

2. 植保无人机喷施过程需要注意的问题

(1)不能在风雨天气或者烈日下施用农药。有风时施用农药会导致药剂飘散,特别是喷施除草剂时会容易飘到作物上,导致药害;下雨前 3 个小时及雨天不能喷施农药,雨水冲刷导致药效基本全无;烈日下施用农药,容易发生药害。一般最佳的施药时间为无风无雨天气,上午9—11 时,下午 3—6 时。

(2)根据温度及其变化趋势确定打药时间。无论是植物还是昆虫或病菌,20~30℃,尤其是 25℃,是其最合适的活动温度。此时打药,对处于活跃期的病虫害及杂草会更有效,对作物更安全。

1)夏天高温季节,打药时间应该在上午 10 时之前和下午 4 时以后。

2)春秋凉爽季节,应该选择在上午 10 时以后下午 2 时之前。

3)冬春季的大棚,最好选择晴暖天气的上午打药。

(3)根据湿度及其变化趋势确定打药时间。从喷头喷出来的药液沉积在靶标上后需要展开形成均匀的药膜,才能最大幅度地覆盖在靶标表面上,进而“掩杀”靶标上的病虫害。药液从沉积到展开会受到多种因素的影响,其中空气湿度的影响较大。

1)空气湿度小,药滴里的水分会快速蒸发到空气中,甚至等不到药液铺展在靶标上,这当然会降低药效,甚至出现灼烧性药害斑。

2)空气湿度过大,沉积在植株表面上的药液,尤其是大雾滴就很容易凝聚成更大的液滴,受重力影响在植株下部沉积,也会产生药害。

因此,一天中的打药时间需要遵循两个原则,一是空气略显干燥,二是打药后,药液能够在日落前在靶标表面形成干涸的药膜。

(4)不能使用过期农药。过期农药药效降低,会造成成本损失。

(5)不能长期使用同一种农药。应注意交替使用不同作用机理的农药,避免产生抗药性。

(6)不要在农作物开花期喷施农药。作物在开花、坐果时，喷施农药容易产生药害，降低果实商品性。所以喷药需避开作物开花和幼果期，尽量做到花前防治，如果花期爆发病虫害，使用特效药进行控制。

(7)不能在作物采收前喷施农药。剧毒农药残留期 60 天左右，现已基本限制该类农药使用；低毒农药的农残 15 天左右，任何作物在采收前都应禁止使用农药。

(8)打药常见的三大误区。

1)仅仅按稀释倍数确定每桶水中的药剂数量。大多数人习惯于按稀释倍数计算每桶水中兑多少药剂，其实这是不科学的。之所以要控制和计算药箱中药剂添加量，是因为要计算单位面积中的植株需要的合理的剂量，以保证良好的药效和对植物以及环境的安全。

特别提醒：按稀释倍数计算每桶水中添加药剂量后，还要计算每亩地用水量、喷洒行进速度等细节。

2)喷头距离靶标越近药效会越好。药液从喷头喷出会与空气对撞而破裂成更小的液滴并前冲，其结果是雾滴越来越小。也就是说在一定距离范围内，离喷头越远，雾滴越小。小雾滴更容易沉积和铺展在靶标上。因此，并不是说喷头紧贴着植株药效就会更好。一般来说，植保无人机的喷头要和靶标保持在 1～2 m 的距离，药效会更好。

3)雾滴越细小就一定会有更好的药效。雾滴并非越小越好，雾滴大小和其能否更好地分布、沉积和铺展在靶标上有关。如果雾滴过于细小就会漂浮在空气中而难以沉积在靶标上，会造成浪费；如果雾滴太大，滚落在地面上的药液也会增加，也会造成浪费。

植保无人机的水稻飞防作业如图 6-38 所示。

图 6-38　合适天气下植保无人机进行水稻飞防作业

3. 植保无人机喷施后的养护

每天作业结束后，对整机及遥控器进行清洗，常见植保无人机使用及养护注意事项如表 6-3、表 6-4 和图 6-39 所示。

(1)使用清水或肥皂水注满作业箱，并完全喷洒，如此反复清洗三次。

（2）将作业箱及植保无人机上的作业箱接口拆下进行清洁，将作业箱滤网、喷嘴滤网及喷嘴拆出后进行清洁，确保无堵塞，然后在清水中浸泡一晚。

（3）建议使用喷雾水枪冲洗机身，然后用软刷或湿布清洁机身，再用干布抹干水渍。

（4）若电机、桨叶表面有沙尘、药液附着，建议用湿布清洁表面，再用干布抹干水渍。

（5）使用洁净的湿布（拧干水分）擦拭遥控器表面及显示屏。

表 6-3　MG-1P 植保无人机使用及养护注意事项

类型	项目	日常维护	长期存放	注意事项
动力系统	电池	每日一次慢充；定期用棉签沾酒精清理插头	保持电量 2 格到 2 格半存放，每 2~3 个月建议充放电一次	避免在太阳下暴晒；禁止放入水中；禁止放在处于暴晒下的汽车内
	螺旋桨	每日擦拭一次，去除农药残留	去除农药固体残留；检查有无裂纹，及时更换	对于有裂纹或破损的螺旋桨要及时更换，桨叶松动时换垫片或锁紧螺丝
	电机	去除表面农残	去除表面污垢，污垢较多建议拆开清除	经过剧烈碰撞的电机需要检查动平衡是否正常，电机旋转不顺畅时需要检查是否有异物
	充电器	避免暴晒	避免放置在潮湿环境下	散热口灰尘及时清除
喷洒系统	药箱	每日加入清水，开启水泵冲洗 2~3 次	用水枪彻底清除农残	打敏感作物或药剂前也需要彻底清洗药箱
	滤网		用软毛刷清除污垢	要保持滤网畅通
	喷嘴			不可用金属物体清理
遥控器	遥控器	清除农残	避免放置在潮湿环境下	平常应折叠屏幕与天线
	遥控器电池	避免被暴晒	取下电池、保持半电存放	避免长期满电存放
机身	螺丝	NA	对于滑牙及生锈的螺丝及时更换	对于原本需要打螺丝胶的部位，更换仍需打胶
	机身	保持日常清理	彻底清除农残	存放在不受阳光直射的干燥环境中
飞控系统	磁罗盘	三个月以上闲置、长距离移动、电磁干扰情况下需要校准磁罗盘再进行作业		可从 APP—飞行器—高级选项进入校准界面
	惯性导航单元（IMU）	在遇到 IMU 异常时需要校准		

表 6-4　T16 植保无人机使用及养护注意事项

类型	项目	日常维护	长期存放	备注
动力系统	电池	定期用棉签沾酒精清理插头	保持电量2格到2格半存放,每2个月建议充放电一次	避免放在太阳下暴晒,禁止放入水中
	螺旋桨	每日擦拭一次,去除农药残留	去除农药固体残留;检查有无裂纹,及时更换	对于有裂纹或破损的螺旋桨要及时更换
	电机	去除表面农残	去除表面污垢,污垢较多建议拆开清除	经过剧烈碰撞的电机需要检查动平衡是否正常
	充电器	避免暴晒	避免放置在潮湿环境下	散热口灰尘及时清除
喷洒系统	药箱	每日加入清水,开启水泵冲洗2~3次	用水枪彻底清除农残	打敏感作物或药剂前也需要彻底清洗药箱
	滤网		用软毛刷清除污垢	要保持滤网畅通
	喷嘴			不可用金属物体清理
	流量计	流量不准或更换喷嘴及水泵,建议校准流量		先校准流量计再校准水泵
遥控器	遥控器	清除农残	避免放置在潮湿环境下	平常应折叠屏幕与天线
	遥控器电池	避免被暴晒	取下电池,保持半电存放	避免长期满电存放
机身	螺丝	NA	对于滑牙及生锈的螺丝及时更换	对于原本需要打螺丝胶部位,更换仍需打胶
	机身	保持日常清理	彻底清除农残	存放在干燥环境中
飞控系统	磁罗盘	出现磁罗盘异常时才需要校准		可从APP—飞行器—高级选项进入校准界面
	惯性导航单元(IMU)	在遇到IMU异常时需要校准		

6.7　突发情况处置

1. 植保无人机出现电调故障的原因与措施

(1)植保无人机出现电调故障的原因:

1)炸机引起的线路损坏;

2)进水引起的电调损坏;

3)高温作业环境影响使用寿命,甚至损坏电调。

(2)避免植保无人机出现电调故障的措施:

1)炸机大多数情况是因飞控手原因引起的,平时必须模拟实际作业场景训练,特别是要模拟复杂环境的作业进行强化训练;

2）清洗植保无人机时，避免将水溅到电调；

3）雨天避免飞行作业；

4）高温条件下，避免飞行作业；

5）避免植保无人机在电调故障时"带病"作业。

（3）植保无人机出现电调故障的解决方案如下：

作业前，认真检查电调，若发现问题，必须及时维修或更换电调；用万用表检查主控到电调的信号连接线，若发现断路，必须及时更换线材；检查焊点处信号线焊接情况，若发现短路，必须重新焊接；如果排除线路断路后还是报警，必须更换电调。植保机一体化电调如图 6-39 所示。

图 6-39 一体化电调

2. 避免植保无人机喷洒系统出现问题的方法

植保无人机就是一个"会飞的喷雾器"，其喷洒系统对防治效果影响很大，如图 6-40 所示。为了避免植保无人机喷洒系统出现问题，保证喷洒系统正常工作和防治效果，一般应该采取以下措施：

（1）保证植保无人机在每一个工作部件都正常时作业，避免带病作业；

（2）避免在恶劣天气条件下作业；

（3）避免超负荷、超工作量作业；

（4）每天作业结束后，必须清洗药箱、滤网、药管、流量计、喷头灯，防止药液干涸凝固堵塞喷洒系统；

（5）配制药液时宜采用二次稀释法；

（6）配制药液时应避免使用浑浊水，必须使用干净清洁水。

（7）配药后，必须使用滤网过滤药液，尽量减少药液中的杂质，避免使用粉剂等浓、稠度大或是易产生沉淀的药剂；

（8）作业完成后，及时将流量计内的药液或水放干，防止药液腐蚀，延长使用寿命。

图 6-40　大疆 T20 植保机喷洒系统

3. 影响植保无人机作业的环境因素

影响植保飞防作业的环境因素很多,以下几点应该引起高度重视。

(1)天气因素。

植保无人机在作业过程中的天气因素是必须考虑的影响要素,因为天气环境会影响植保无人机的飞行效率及作业效果。避免下雨天冒雨作业,飞防作业后 1 h 内遇到中雨,需进行补飞,避免 35℃ 以上高温作业,避免风力大于 3 级作业,有露水时不要作业。

(2)地理因素。

地理环境也是植保无人机作业过程需要考虑的方面,在作业的过程中要满足以下几个地理因素。

1)田块周界 10 m 范围内没有房舍及其他建筑物;

2)田块周界 10 m 范围内无防护林、高压线塔、电杆等障碍物;

3)田块中间无影响飞行安全的障碍物或影响飞行视线的障碍物;

4)田块周界或田块中间必须要有适合植保无人机起落的起落点;

5)飞行高度应在操控人员的视线范围内,操控人员能够观察到飞机飞行姿态;

6)田块应有适合操控人员行走的道路。

(3)种植地块因素。

在水稻主产区,大多数植保无人机作业地块大小介于 2～5 亩①之间,而且并不是每块都连在一起,这些都会大大降低植保无人机作业效率。

(4)田间障碍因素。

我国农村田地周围大多有树木、电线杆等障碍物,这些障碍物会增加植保无人机飞行危险系数,而高压电线产生的磁场对植保无人机的电子磁罗盘影响较大,会干扰植保无人机的稳定性。

(5)人为因素。

由于植保飞防是一件新生事物,人们对植保无人机比较好奇,每到一个新农地打药总会引

①　1 亩＝666.67 m²

起围观,这是特别危险的现象,会对无人机操控人员产生很大的影响和压力。因此打药的时候,田地周围 20 m 之内要坚决禁止无关人员入内。

4. 植保无人机炸机的原因分析及避免方法

植保无人机不同于地面行走的植保机,它是在作物叶尖上空作业,操作难度较大,稍有操作不当,就会造成机器损坏(见图 6 - 41),甚至造成人员伤害。正确操作方能增加无人机的使用寿命并减少作业中的安全隐患。

图 6 - 41　炸毁的植保机

操作人员在每次启动植保机前必须对植保无人机各部位进行例行检查,如飞机电量是否充足。每次飞行应先测试对讲机,测试信号的强度和语音的清晰程度。从外到内,检查完毕后方可启动。

操作人员还要确保自己的精神饱满,避免睡眠不足、酒后和生病时操作。

飞行前要熟悉周围环境,起飞时远离人群,禁止田间有人时作业,要垂直飞行要远离障碍物 10 m 以上,平行飞行要远离障碍物 5 m 以上,还需注意机头不要正对自己或他人。

下雨天或打雷停止飞行作业,要保证飞机在视线内飞行,随时注意观察喷头状态,有堵塞及时更换,堵塞喷头应浸泡在清水中,以免凝结。

专业人员做好植保无人机转接、更换电池和配药等工作,作业完成后,做好植保无人机机身各部位调整及清洁,做好对讲机、遥控器、充电器、电汇等相关附件的整理与归类,及时清洗药箱,并将药瓶、药箱、残留物及时回收处理。

几种常见的意外事故及规避方法如下。

(1)飞行前未做好准备工作。操作人员在每次使用前都必须对植保无人机各部位进行例行检查,从前到后,从上到下,从外到内,检查完毕后方可启动。每次飞行完毕后要对机身、旋翼、起落架、喷洒系统等进行清理,同时检查飞机各主要部件的螺丝是否牢固,活动部件晃动量是否过大,推杆是否牢固,机身是否有明显裂缝等,植保无人机起飞前必须做好充足的起飞工作。

(2)飞行过低碰到作物。在作业中往往边上会有农户围观,他们经常会要求降低飞行高度。部分作业人员为了满足客户,就将飞机高度降低,一不留神就导致碰到农作物炸机。因此飞手作业时不要受周围人的干扰,应集中注意力,多跟观察员沟通,尽量保持飞机离作物 1 m

以上。

（3）磁场干扰失控。作业路线上，如果飞机距离高压线较近，电压又比较高，植保机很可能受电磁干扰导致大幅度漂移或者失去控制，如图6-42所示。

如果发现植保无人机工作地方周围有高压塔，特别是电压达到几千伏以上的，避免在附近起飞。如果是信号塔、电子围栏，一般也应远离。

图6-42　植保机受高压线磁场干扰

（4）飞手与观察员的对讲机没电或故障。

植保作业中，这也是容易被忽视的引起炸机的原因。飞手在操控无人机向前飞行时，由于目视有误差，而观察员和飞手之间的沟通又比较少，如果此时对讲机没电或失灵了，飞手或观察员还不知道，就很有可能撞到树上或其他障碍物上。

在作业时，飞手和观察员应约定好，比如观察员每5 s给飞手一个信息，如果超过时间没听到说话，那么马上就操控飞机原地悬停。这样飞手在操控飞机时即使看不到飞机，心里也是有底的，而且对讲机出问题也就能马上发现。

（5）无人机电量耗尽。市场上电动植保无人机的续航时间通常在10～20 min之间，植保无人机在载药量比较大的时候耗电比较快。在作业中，有时候电池低电量报警已经出现了，但药箱却还有一些药液，有飞手贪图方便就想把药液打完再降落。再加上有些药液比重较大，比平时耗电量更多，往往这时，飞机的剩余电量支撑不了继续作业和返航，在途中就强制降落或者干脆在空中耗尽电量直接坠落。因此，飞手们在作业前一定要合理规划，宁可少飞几亩地也不要挑战飞机的极限。

（6）姿态模式炸机。飞机在姿态模式下是没有GPS定位的，所以会受环境影响而出现飘移。但是，有些飞手在不完全熟悉无人机操控方法的情况下，开启姿态模式，当出现漂移后不知道该如何操作，导致出现炸机事故。

（7）打杆失误。一方面是简单的打杆失误，比如机头不小心转了方向导致迷失航向，比如拿起遥控器由于紧张却不知道如何操作，导致不小心撞上墙、树、电线杆等障碍物。

另一方面是作业的时候，当无人机飞远后，经常一不留神就看不到无人机，实际无人机还是在安全飞行的，而飞手一慌乱，胡乱打杆，可能就会撞到障碍物。在操作过程中，飞手需要多跟观察员沟通，飞手看不到观察员有可能看到，观察员看不到飞手有可能看到。

（8）斜拉索。斜拉索是飞防植保人最头疼的问题，不仅大大降低了作业效率，还可能造成摔机。斜拉索如图 6-43 所示。对于斜拉索需要注意的是：如果作业区域电线杆以及斜拉索过多，摔机风险较高，须评估是否作业。作业前一定要详细查看作业区域，提前对障碍物做好测绘，规划航线避开障碍物。

图 6-43　农田里的斜拉索

（9）输电线路。输电线路本身具有强电磁辐射，一些高压线还是城市的电力输送干线。农田附近的输电线路如图 6-44 所示。切不可使植保无人机靠近，否则因撞击造成民用输电线或者高压线路停电，将会造成重大损失。

要时刻使植保无人机与高压线保持 10 m 以上安全距离，切不可使植保无人机跨越、飞越高压线。

另外要注意的是，如果是在乡村普通线路下作业，植保无人机药液喷洒完毕的行为应设置为"悬停"，而不能设置为"升高并悬停"，以避免植保机与电线相撞。

图 6-44　农田附近的输电线路

（10）树枝。树枝是作业时常见的障碍物，大部分会出现在边界上，如图 6-45 所示，如操作不当就有可能导致摔机。在航线规划打点时，需保证有足够的内缩距离，以使航线避开树木。植保机前后航线终点须与树木保持 3 m 以上安全距离。

图 6-45 农田边界的树木

其他常见的导致植保无人机炸机的原因见表 6-5。

表 6-5 常见植保无人机炸机原因汇总表

炸机原因分类	炸机原因
飞前规划	选错地块;航线规划错误;电池未充满电
干扰及障碍物	被人打下;飞机离军用机场或禁飞区过近;受到驱赶;飞鸟的影响;电力磁场干扰;地磁干扰;GPS干扰;对讲机频率对遥控器造成干扰;作业地有不可视障碍物;遇到塑料袋、地膜等进入飞机螺旋桨;没观察身后情况;飞到身后撞树;其它飞行器干扰;不明物体导致飞手分神;飞手受到惊吓
飞手自身	操控水平低;在手动模式下起飞;没检查遥控模式反手飞行;飞手瞌睡;超出遥控距离;遥控低电或关机;地磁没校好;地勤失误;野蛮飞行;视觉误差;飞手专注飞行没注意路面情况摔倒;飞手眼睛进异物;飞手心情欠佳;飞手睡眠不足;飞手疲劳驾驶;飞手判断失误;飞速过快;地勤指挥失误;飞手酒驾、毒驾;飞手带病作业
设备自身	飞机设计结构不合理;螺丝松脱;射桨;桨装反;电源虚接;接收机没信号;遥控传输延迟;指南针未校准;飞控进水;电调过载;数据链路丢失;电调涓流;电机跟电调连接处虚焊;动力缺失;电池、喷管脱落;IMU错误;飞控死机;遥控天线断开;机臂链接件松动;气压计失灵;信号失灵;药箱松脱;输电系统线路老化;丢星;喷头堵塞;输药管爆炸导致失衡;电机座故障;无人机带病工作;刹车失灵
天气	天气不好;刮风;暴雨;突然遭遇暴风雨;遇强风袭击;天气太热导致飞手中暑

5. 植保无人机出现疑难故障的处理

植保无人机遇到疑难故障的处理,如图 6-46 所示。点击主界面顶部的故障排查图标,找到与当前飞机故障相同的内容,按照提示排查故障。若仍无法解决,可上传日志,将故障日志二维码拍照,提供给售后分析定位问题。

图 6-46　故障处理

课后习题

(1)简述植保无人机的检查流程。

(2)如何规划植保作业？

(3)进行航线飞行植保作业的操作流程是什么？

(4)简述植保无人机喷施后如何养护。

(5)进行农业植保如何避免炸机？

第7章 无人机电力巡检任务规划与实施

内容提示

本章讲解无人机电力巡检任务规划与实施。首先对电力巡线任务及电力巡检无人机的定位技术进行介绍;其次讲解了电力巡检任务的前期准备,重点讲解如何进行线塔巡检的任务规划;再次讲解巡检的安全操作流程,提出了巡检的标准要求;最后讲解巡检无人机在低温及高温环境下的使用注意事项。

教学要求

(1)了解电力巡检任务及常见定位技术的优缺点;
(2)掌握无人机电力巡检的前期准备;
(3)掌握无人机电力巡检任务规划与实施方法;
(4)掌握电力巡检的检测标准;
(5)了解不同环境下电力巡检无人机的使用注意事项。

内容框架

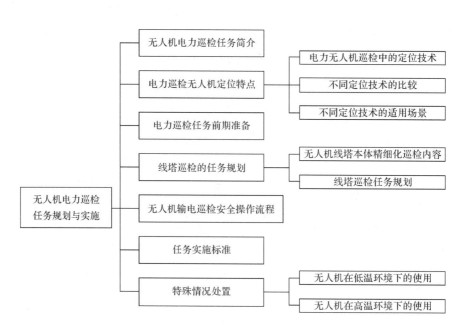

7.1　无人机电力巡检任务简介

传统的人工电力巡检不仅工作量大而且风险较大,特别是山区和跨越大江大河的输电线路的巡检,以及在冰灾、水灾、地震、滑坡、夜晚期间巡线检查,所花时间长、人力成本高、困难大、风险高。无人机巡检输电线路更为先进、高效,可以减轻工人"千里巡线"的劳动强度,降低高压输电线路的运行维护成本,目前已在华中电网、南方电网试点进行应用,无人机巡检输电线路如图 7-1 所示。

图 7-1　电力无人机巡检输电线路

电力无人机机身轻巧,并装载有先进的航测系统,与有人飞机、直升机相比,受阴、雨、雾等天气的限制要小得多。这些优越的性能使无人机成为输电网巡线更为有效的工具,如图 7-2 所示。电力无人机巡线还可以提高巡检作业的质量和科学管理技术水平,可以增强电力生产自动化综合能力,创造更高的经济效益和社会效益。

电力无人机功能强大,如可以识别各种输电线路缺陷问题。可以识别架空输电线路的基础、塔体、支架、导线、绝缘子、防震锤、耐张线夹、悬垂线夹等容易发生事故的关键部位,也可识别人为设备、偷窃、树木放电、雷击、污染、雾气等影响输电线路正常工作的问题。

图 7-2　电力无人机多角度拍摄线塔

电力无人机飞行稳定,携带具备稳定能力的摄像平台,同时安装可见、红外热像摄像设备,具备摄像设备自动控制摄像功能,可以拍摄地面线路线塔高分辨率航空影像,如图 7-3 所示。无人机具备线路线塔自动跟踪识别技术、摄像快速对焦成像技术,使安装的可见、红外热像摄像设备自动对焦到线路线塔等目标,快速曝光,生成高清晰的地面线塔、线路、树林、绝缘子、金具等可见、红外影像;具备自动输电网故障识别摄像、无人机自动飞行巡线、输电网故障自动识别等功能,使输电线路巡线告别人力,走向自动化。

H20系列　　Z30

XT2　　XTS

同时支持三云台

图 7-3　可以携带多种摄像云台的 DJI 无人机

随着输电可靠性指标的要求越来越高,以及无人机巡线各种实践内容的不断丰富,无人机巡线的优越性将越来越突出。无人机巡线必将成为一种快速、高效、大有发展前途的巡线方式。

7.2　电力巡检无人机定位特点

1.电力无人机巡检中的定位技术

在以往各类输电线路的巡检中,特高压输电线路的巡检一直是一个"老大难"问题(特高压是指 1 000 kV 及以上交流电网或±800 kV 及以上直流电网,如浙北—福州的 1 000 kV 特高压交流输变电、昌吉—古泉的 1 100 kV 特高压直流输变电)。电力线路电压等级越高,在其附近作业的无人机受到的电磁干扰就越大,越容易发生地磁信号、遥控、图传信号丢失等现象。无人机克服强电磁干扰,实现高压线路巡线依赖于高精度定位技术。

(1)GNSS。GNSS 技术,又称卫星定位技术,如图 7-4 所示。该技术通过测量出已知位置的卫星到用户接收机之间的距离,综合多颗卫星数据,从而运算出接收机的具体位置。因为需要计算三维位置及偏差,所以需要至少 4 颗卫星。

GNSS 技术的优势是:观测时间短、提供三维坐标、操作简便、全天候工作、功能多、成本低。

目前主流的 GNSS 系统有北斗卫星导航系统(中国)、GPS 系统(美国)、Glonass 系统(俄罗斯)、Galileo 系统(欧洲)等。但 GNSS 技术也有它的弊端,它可能因为各种原因产生定位误差。

例如,卫星星载时钟和接收机上的时钟并不能始终保持同步,这就会造成时间上的偏差信号;如果在传播过程中受到大气层和各种障碍物的反射,信号传播路径就可能变长,造成测距误差;等等。

这类定位误差可达米级,甚至可能超过 10 m。这样的误差,导致 GNSS 系统无法满足对定位精度要求高的行业及场景。

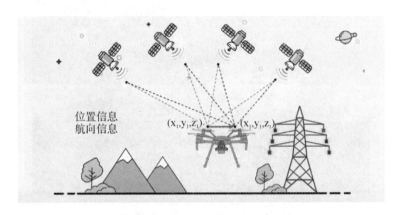

图 7-4 卫星定位示意图

(2)RTK。RTK 实时载波相位差分技术,其测量系统如图 7-5 所示。RTK 测量系统一般由三部分组成,即 GPS 接收设备、数据传输系统和实施动态测量的软件系统。RTK 测量技术是以载波相位观测量为根据,有快速高精度定位功能的载波相位差分测量技术,它能够实时获得测站点在指定坐标系中的三维定位结果,且具有厘米级的定位精度。

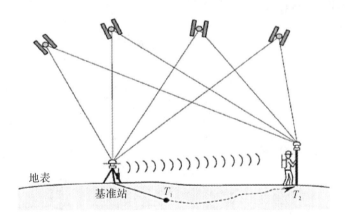

图 7-5 RTK 测量系统

RTK 测量的工作原理是:将一台接收机置于基准站上,将另一台或几台接收机置于载体(称为移动站)上,基准站和移动站同时接收同一时间、同一 GPS 卫星发射的信号,基准站所获得的观测值与已知位置信息进行比较,得到 GPS 差分改正值。然后将这个改正值通过无线电数据链电台及时传递给共视卫星的移动站精化其 GPS 观测值,从而得到经差分改正后移动站较准确的实时位置。

目前主流的厂商 RTK 的定位平面精度可达 8 mm+1 ppm,高程精度可达 15 mm+

1 ppm。其中,1 ppm 是指飞行器每移动 1 km 误差增加 1 mm。载有 RTK 设备的 DJI Phantom4 无人机如图 7-6 所示。基站与移动站之间的通信方式主要有电台和网络两种,电台信号稳定,网络信号传输距离远,各有优点。

图 7-6　DJI Phantom4 RTK 无人机

(3)PPK。

PPK 即 GPS 动态后处理差分,测量系统如图 7-7 所示。PPK 技术利用一台进行同步观测的基准站接收机和至少一台流动接收机,对 GPS 卫星进行同步观测,也就是基准站保持连续观测,初始化后的流动站迁站至下一个待定点,在迁站过程中需要保持对卫星的连续跟踪,以便将整周模糊度传递至待定点。

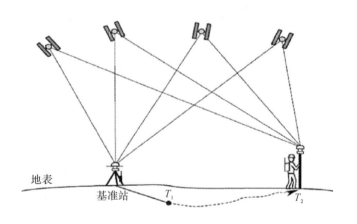

图 7-7　PPK 测量系统

PPK 测量的原理是:基准站和流动站同步接收的数据在计算机中进行线性组合,形成虚拟的载波相位观测量,确定接收机之间的相对位置,最后引入基准站的已知坐标,从而获得流动站的三维坐标。

PPK 技术是最早的 GPS 动态差分技术方式(又称半动态法、准动态相对定位法、走走停停法),它与 RTK 技术的主要区别在于:在基准站和流动站之间,不必像 RTK 那样,建立实时数据传输,而是在定位观测后,对两台 GPS 接收机所采集的定位数据进行测后的联合处理,从而计算出流动站在对应时间上的坐标位置,其基准站和流动站之间的距离没有严格的限制。它的优点是定位精度高、作业效率高、作业半径大、易操作。

(4)D - RTK。

当无人机进入变电站、铁矿等强干扰的飞行区域时,即使无人机使用 RTK 定位技术,强大的磁场依然会干扰无人机的电子罗盘,使其无法准确判断航向,导致悬停位置发生偏移,增加飞行危险性。

针对此种情况,大疆首创了将双天线测向技术应用到无人机 RTK 定位技术上的方法,创造性地推出了 D - RTK 高精度导航定位技术,如图 7 - 8 所示。M300RTK 无人机使用的 D - RTK 频点:GPSL1/L2,GLONASSL1/L2,BeiDouB1/B2,GalileoE1/E5。首次定位时间小于 50 s,定位精度:垂直 1.5 cm＋1 ppm;水平 1 cm＋1 ppm。

图 7 - 8　DJI M300RTK 无人机及其双 D - RTK 天线

原有的无人机 RTK 定位技术只有一根天线,仅能获得流动站与基准站的精准位置关系,无法提供准确的流动站航向信息。而双天线测向技术在流动站一根天线的基础上另外又增一根天线,流动站分别将两路信号接收解算后,以其中一路接收天线的数据做基准,向另一路接收天线发送解算修正信息,完成天线 2 与天线 1 的相对精准定位,从而获得两根天线之间的相对矢量。该矢量经过数据处理后可为无人机提供航向信息,使无人机获得高精度的二维信息,即位置与航向信息。天线之间的相对距离越远,定向精度越高。

D - RTK 技术在电力巡检中的应用,为无人机带来了更强大的抗磁干扰能力与精准定位能力,即使在特高压输电线路等磁场干扰较强的区域,也依然能靠近电力设施,在电子罗盘受扰后提供精准航向信息,保证定位精度,降低飞行风险、提高作业效率。

2. 不同定位技术的比较

(1)RTK、PPK、D - RTK 的相同点。

1)作业模式相同。三种技术都采用参考站加流动站的作业模式。

2)三种技术在作业前都需要初始化。

3）三者都能达到厘米级精度，如表7-1所示。

表7-1　RTK、PPK、D-RTK 相同点

定位模式	定位精度	作业模式	作业前初始化
RTK	厘米级	流动站＋基准站	需要初始化
PPK	厘米级	流动站＋基准站	需要初始化
D-RTK	厘米级	流动站＋基准站	需要初始化

（2）RTK、PPK、D-RTK 的不同点。

1）通信方式不同。RTK 和 D-RTK 技术需要电台或者网络，传输的是差分数据；PPK 技术不需要通信技术的支持，记录的是静态数据。

2）定位作业的方式不同。RTK 和 D-RTK 采用的实时定位技术，可以在流动站随时看到测量点的坐标以及精度情况；PPK 定位属于后处理定位，在现场看不到点的坐标，需要事后处理才能看到结果。

3）作业半径不同。RTK 和 D-RTK 作业受到通信电台的制约，作业距离一般不超过10 km，网络模式需要网络信号全覆盖的区域；运用 PPK 技术作业，一般作业半径可以达到50 km。

4）受卫星信号影响的程度不同。RTK 和 D-RTK 作业时，如果在大树等障碍物的附近，非常容易失锁；而 PPK 作业时，经过初始化后，一般不易失锁。

5）定位精度不同。RTK 平面精度 8 mm＋1 ppm，高程精度 15 mm＋1 ppm；PPK 平面精度 2.5 mm＋0.5 ppm，高程精度 5 mm＋0.5 ppm；D-RTK 平面精度 1 mm＋1 ppm，高程精度 1.5 mm＋1 ppm。

6）定位频率不同。RTK 和 D-RTK 基站发送差分数据和移动站接收的频率一般为 1～2 Hz，PPK 定位频率最大可达 50 Hz。

7）初始化时间不同。RTK 和 D-RTK 技术初始化时间较短，最短初始化时间为 10＋(0.5 s) s，其中 s 为基线长度（km）。PPK 初始化时间较长，在 6 颗卫星的情况下，需要不少于 8 min，如表7-2所示。

表7-2　RTK、PPK、D-RTK 不同点

定位模式	初始化时间/s	电台	定位方式	作业半径/km	失锁情况
RTK	10＋0.5	需要	实时定位	＜10	受干扰多，容易失锁
PPK	480	不需要	事后差分	＜50	不宜失锁
D-RTK	10＋0.5	需要	实时定位	＜10	不宜失锁

3. 不同定位技术的适用场景

（1）对于快速飞行，需要很高的定位频率，用 RTK 技术实时导航很难达到这个条件，PPK 支持 50 Hz 定位频率，满足快速飞行时的定位需求。

（2）RTK 提供实时定位，较适合应用于开阔场地。

（3）D-RTK 实时提供位置信息，不易受到干扰。

（4）PPK 可通过后处理方式解算一个周期内的历元数据，不仅可以提高固定率，而且解算精度更高。

（5）RTK 和 D-RTK 需要用电台或者网络通信模块，PPK 则不需要，减少无人机的负荷，增加飞机续航时间。

（6）RTK 和 D-RTK 作业距离有限，PPK 作业距离最远可达 50 km，在长距离大、范围的作业区域内，尤其是带状区域，比如输电线路、公路、铁路、油气管道，PPK 将是最佳选择。

RTK 技术由于实时性，非常适合干扰环境小的巡检环境，同时适合应用于植保领域。D-RTK 技术由于定位的实时性及抗干扰性，适合于贴近高压线塔进行高精度巡查。PPK 技术大范围的作业比传统 RTK 测量效率提高很多，PPK 相对于 RTK 最大的好处就是可以事后处理，逆向滤波（Reverse Kalman Filter），这样就可以解决一部分卫星失锁的问题，并通过融合解（Forward&Reverse）提高定位精度。PPK 技术势必会成为无人机在在大范围测绘方面的主流技术。

7.3　电力巡检任务前期准备

组建一支具有专业素养的电力巡检团队，并让团队高效的运转，保证巡检数据合格有效，是运营者最重要的工作。

1. 组建一支专业的电力巡检团队

一支专业的电力巡检团队最基本的组织结构如图 7-9 所示。

运营管理：负责整个团队的统筹协调，制定计划，协调工作配合，落实进度和质量要求以及空域申请等管理工作。

飞行巡检：负责到现场进行线塔数据采集，前期数据分类、初步分析故障缺陷。

数据处理：负责数据的分析处理和后期归总整理，并出具数据分析报告，还要对飞行数据的质量进行监督。

后勤保障：负责人员、设备、车辆以及各种后勤保障器材的协调和调整，保证装备和物质配置合理，以及事故后飞机的维修、返修工作。

图 7-9　电力巡检团队基本构成

在小团队内职责并非和人员一一对应，可能一个人要负责多项工作，但是以上提到的要素必须是有相应人员负责，作为一支专业的电力巡检团队以上的构成是必不可少的。如果对工作内容划分得更细致会得到一个更加复杂但是分工更加明确的团队组织结构，如图 7-10 所示。

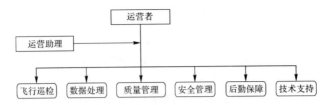

图 7-10　电力巡检团队完整构成

2. 保证团队高效运转

电力巡检团队高效运转,需遵循一个标准流程,如图 7-11 所示。所有人都依照一个合理的流程完成自己负责的部分。有可能流程并不是最优的但是只要这个流程合理即可,对大量线塔进行巡检,为了保证一致性以及推进速度,巡检也必须按照一定流程进行作业才可以让团队运转起来。

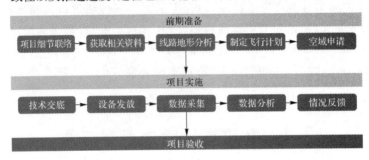

图 7-11　电力巡检流程图

对于外业人员,不仅要遵循电力巡检项目实施流程,还要遵循外业作业流程,如图 7-12 所示。

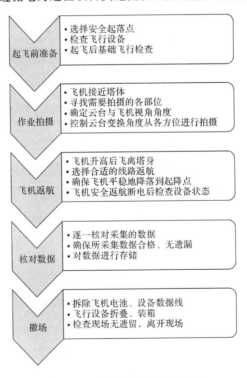

图 7-12　电力巡检外业流程图

3. 巡检质量

如何保证巡检的质量？其实保证质量的方式无非有自我检查、交叉检查、数据抽检三种基本方式。飞手在完成线塔数据采集后一定要对数据进行初步的检查，判断是否合格；对照片进行数据处理分析有一个很重要工作就是对飞手上交数据是否合格进行判定，处理数据后不同的数据分析人员进行数据交叉检查保证缺陷判定无遗漏、无错误；运营负责人要经常对数据进行抽样检查，确保交付业主的数据符合标准与要求。要想保证巡检质量，就要多检查，勤检查，不合格就重飞或者重新处理数据，不同省份和地区对于数据的要求会有一些差别，因此巡检实施前期的技术交底尤为重要。

7.4　线塔巡检的任务规划

上面内容简单地讲述了无人机电力巡检的基本知识，本节将讲述线塔本体精细化巡检飞行方法和数据采集方法。不同的地区以及业主对巡检的要求会有些许不同，因此巡检规则以及巡检要素会有所不同，本节将简述相对比较通用的一种流程，其可以作为今后工作的借鉴以及修改的模板。

1. 无人机线塔本体精细化巡检内容

无人机主要对输电线路本体、附属设施和线路通道进行航拍检查。旋翼无人机巡检拍摄部位包括线塔号牌、基面、塔腿、塔身、塔头、绝缘子、导地线、金具、附件及附加装置以及大小号侧通道。虽然不同位置的拍摄要求不尽相同，不同地区的拍摄要求也有略微的差别，但是基本的要求是大致相同的。拍摄基本要求如表 7-3 所示。

表 7-3　线塔巡检拍摄要求

序号	巡检部位	巡检内容	照片质量标准
1	线塔号牌	线塔号牌全貌	可清晰辨识文字内容
2	线塔基面及塔腿	各塔腿,基面及塔腿全貌	可清晰辨识地线脱落或断裂,保护帽及基础破损、贯穿性裂纹等异常
3	塔头	塔头全貌	可清晰辨识塔头明显异物和塔材缺失
4	塔身	塔身全貌	
5	全塔	线塔全貌	
6	各绝缘子串导线端连接点	连接点所有螺栓及金具、均压环	可清晰辨识销钉
7	各绝缘子串塔身挂点	挂点所在塔材,挂点所有螺栓及金具	
8	地线或光纤金具串	地线或光纤金具串以及与塔身连接点所包含的所有金具、螺栓	

序号	巡检部位	巡检内容	照片质量标准
9	各绝缘子整串	绝缘子串导线端连接点至塔身挂点整体	可清晰辨识每一串、每一片瓷瓶及其钢帽的破损、脏污及裂纹
10	防震锤	每一根导地线的防震锤及与导地线连接点的金具、螺栓	可清晰辨识表面裂纹、销钉
11	各引流线	每根引流线的金具及螺栓	可清晰辨识引流线断股
12	附属设施	每只与导地线连接的避雷器等附属设施及与塔身、导地线连接点	可清晰辨识附属设施本体及与塔身、导地线连接点的销钉及部件
13	线路通道	本线塔从最下层导线高度顺线路方向，分别拍摄大、小号侧线路通道全貌	能清楚辨识通道内植被、地形、建构筑物、交叉跨越等情况；照片中至少包含拍摄方向的下一基线塔

2. 线塔巡检任务规划

操作无人机对关键点进行拍照需掌握一定方法，不同类型的线塔有不同的拍照顺序，统一采用同一种飞行流程可以有效地避免飞行差错，有明确拍摄顺序的照片对数据处理的工作也有很大效率提升。线塔外形各有不同，但是无论外形如何，基础塔形都可分为四类：单回路直线塔、双回路直线塔、单回路耐张塔、双回路耐张塔。这四种塔形飞行顺序与各位置的拍摄要素如下。

（1）单回路直线塔。

单回路直线塔拍摄顺序如图 7-13 所示，0 编号为任意顺序，拍摄顺序可根据实际情况进行，但是其余位置拍摄需要根据规范顺序进行。图 7-13 中的类型俗称为酒杯塔，有 V 形布置的绝缘子类型和 I 形布置的绝缘子类型。单回路直线塔类型还有很多，比如猫头塔、V 形塔、门型塔等，线塔不同，拍摄规则、拍摄的点位以及照片数量也略有区别。

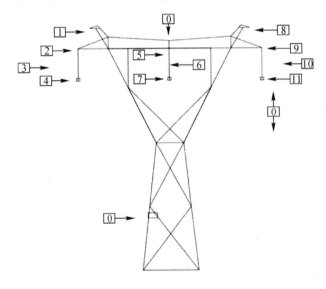

图 7-13 单回路直线塔结构及拍摄顺序

图中各编号部位名称如下：

0——塔牌、塔身、塔头、塔腿、通道线路、附属设施；

1——左侧地线挂点；

2——左相横担侧挂点；

3——左相绝缘子串；

4——左相导线侧挂点；

5——中相横担侧挂点；

6——中相绝缘子串；

7——中相导线侧挂点；

8——右侧地线挂点；

9——右相横担侧挂点；

10——右相绝缘子串；

11——右相导线侧挂点。

（2）双回路直线塔。

双回路直线塔结构及拍摄顺序如图 7-14 所示，拍摄应根据规范顺序进行，这样对于后期的数据整理有很大的便利。

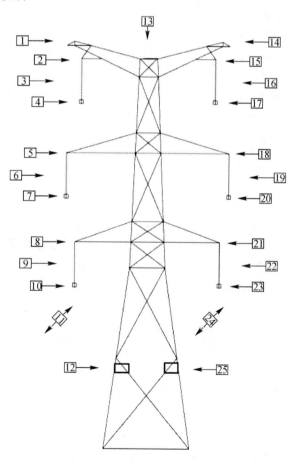

图 7-14　双回路直线塔结构及拍摄顺序

图中各编号部位名称如下：

1——左侧地线挂点；

2——左侧上相横担侧挂点；

3——左侧上相绝缘子串；

4——左侧上相导线侧挂点；

5——左侧中相横担侧挂点；

6——左侧中相绝缘子串；

7——左侧中相导线侧挂点；

8——左侧下相横担侧挂点；

9——左侧下相绝缘子串；

10——左侧下相导线侧挂点；

11——左侧通道线路；

12——左侧塔牌、塔腿、附属设施；

13——塔身、塔头、附属设施；

14——右侧地线挂点；

15——右侧上相横担侧挂点；

16——右侧上相绝缘子串；

17——右侧上相导线侧挂点；

18——右侧中相横担侧挂点；

19——右侧中相绝缘子串；

20——右侧中相导线侧挂点；

21——右侧下相横担侧挂点；

22——右侧下相绝缘子串；

23——右侧下相导线侧挂点；

24——右侧通道线路；

25——右侧塔牌、塔腿、附属设施。

（3）单回路耐张塔。

常见单回路耐张塔结构及拍摄顺序如图7-15所示，0编号为任意顺序，拍摄顺序可根据实际情况进行，但是其余位置拍摄应根据规范顺序进行。单回路耐张塔的构型也有很多种，本例以最常见的耐张塔进行讲述。

图中各编号部位名称如下：

0——塔牌、塔身、塔头、塔腿、通道线路、附属设施；

1——左侧小号侧地线挂点、左侧大号侧地线挂点；

2——中相小号侧引流线横担侧挂点、中相小号侧引流线导线侧挂点、中相大号侧引流线横担侧挂点、中相大号侧引流线导线侧挂点；

3——中相小号侧导线侧挂点、中相小号侧绝缘子串、中相小号侧横担侧挂点；

4——中相大号侧导线侧挂点、中相大号侧绝缘子串、中相大号侧横担侧挂点；

5——左相小号侧导线侧挂点、左相小号侧绝缘子串、左相小号侧横担侧挂点；

6——左相引流线横担侧挂点、左相引流线导线侧挂点；

7——左相大号侧导线侧挂点、左相大号侧绝缘子串、左相大号侧横担侧挂点；

8——右侧地线挂点；

9——右相小号侧导线侧挂点、右相小号侧绝缘子串、右相小号侧横担侧挂点；

10——右相引流线横担侧挂点、右相引流线导线侧挂点；

11——右相大号侧导线侧挂点、右相大号侧绝缘子串、右相大号侧横担侧挂点。

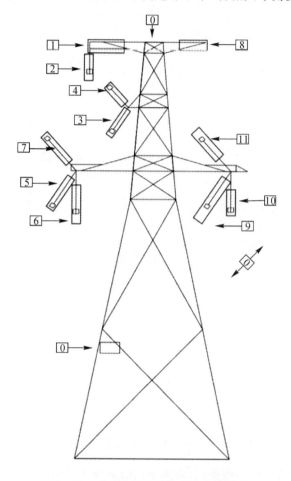

图 7-15　单回路耐张塔结构及拍摄顺序

（4）双回路耐张塔。

双回路耐张塔结构及拍摄顺序如图 7-16 所示，拍摄应完全根据规范顺序进行，对于后期的数据整理有很大的便利。

1——左侧小号侧地线挂点、左侧大号侧地线挂点；

2——左侧上相小号侧导线侧挂点、左侧上相小号侧绝缘子串、左侧上相小号侧横担侧挂点；

3——左侧上相引流线横担侧挂点、左侧上相引流线导线侧挂点；

4——左侧上相大号侧导线侧挂点、左侧上相大号侧绝缘子串、左侧上相大号侧横担侧挂点；

5——左侧中相小号侧导线侧挂点、左侧中相小号侧绝缘子串、左侧中相小号侧横担侧挂点；

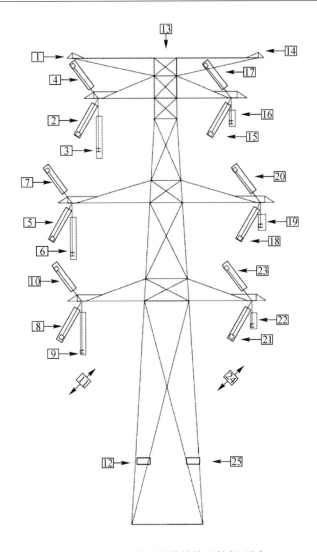

图 7-16 双回路耐张塔结构及拍摄 顺序

6——左侧中相引流线横担侧挂点、左侧中相引流线导线侧挂点；

7——左侧中相大号侧导线侧挂点、左侧中相大号侧绝缘子串、左侧中相大号侧横担侧挂点；

8——左侧下相小号侧导线侧挂点、左侧下相小号侧绝缘子串、左侧下相小号侧横担侧挂点；

9——左侧下相引流线横担侧挂点、左侧下相引流线导线侧挂点；

10——左侧下相大号侧导线侧挂点、左侧下相大号侧绝缘子串、左侧下相大号侧横担侧挂点；

11——左侧通道线路；

12——左侧塔牌、塔腿、附属设施；

13——塔身、塔头、附属设施；

14——右侧小号侧地线挂点、右侧大号侧地线挂点；

15——右侧上相小号侧导线侧挂点、右侧上相小号侧绝缘子串、右侧上相小号侧横担侧挂点；

16——右侧上相引流线横担侧挂点、右侧上相引流线导线侧挂点；

17——右侧上相大号侧导线侧挂点、右侧上相大号侧绝缘子串、右侧上相大号侧横担侧挂点；

18——右侧中相小号侧导线侧挂点、右侧中相小号侧绝缘子串、右侧中相小号侧横担侧挂点；

19——右侧中相引流线横担侧挂点、右侧中相引流线导线侧挂点；

20——右侧中相大号侧导线侧挂点、右侧中相大号侧绝缘子串、右侧中相大号侧横担侧挂点；

21——右侧下相小号侧导线侧挂点、右侧下相小号侧绝缘子串、右侧下相小号侧横担侧挂点；

22——右侧下相引流线横担侧挂点、右侧下相引流线导线侧挂点；

23——右侧下相大号侧导线侧挂点、右侧下相大号侧绝缘子串、右侧下相大号侧横担侧挂点；

24——右侧通道线路；

25——右侧塔牌、塔腿、附属设施。

7.5　无人机输电巡检安全操作流程

目前，无人机手动巡检仍是主流作业方式。在现场作业过程中，由于地形条件限制以及无人机所处的高度制约，超视距飞行成为无人机输电巡检手动飞行发展的必然趋势，而无人机过塔操作是无人机线塔巡检风险最高的环节之一。本节结合国家电网架空输电线路无人机巡检作业安全工作规程，针对无人机作业的相关规定和作业现场实际情况，分析过塔过程中可能导致无人机事故的危险点，讲解一种比较安全、高效且操作性强的无人机过塔操作方法。

使用无人机对双回路输电线路进行巡检时，当完成其中一回线路的巡检工作，飞往另外一回线路进行巡检时，从线塔顶部跨越这一方式，从安全性和作业效率来说都比从线路下方穿越的方式更佳，也是目前无人机操作人员采用最多的方式。无人机过塔过程存在很多需要注意的地方，处理不好将有可能造成碰线、撞塔事故。

1. 无人机线塔巡检技术分析

（1）无人机线塔巡检基本流程。

目前无人机对输电线路线塔进行巡检，普遍流程是在线路一侧从下往上，直到地线挂点，然后从线塔顶端跨越，到另一侧线路再从上往下，整体路径呈倒"U"形。

（2）作业人员操作方法。

实际作业过程中，由于地形条件限制以及无人机所处的高度制约，目视无人机飞行比观察无人机飞行控制台进行飞行的方式危险性更高，飞行时操作人员观察无人机飞行控制台的图传及飞行参数信息进行相关操作比较安全、高效。无人机飞行控制台能实时显示并保存重要的飞行姿态和飞行参数信息，定时发送遥控数据，控制飞行状态，监控数据链。通过该平台，操作人员可以对无人机进行有效控制。

(3)超视距飞行的关键前提。

无人机系统有3个关键点是支撑该系统得以实现的基础：

1)无人机即时的图传画面，能展示无人机所处环境；

2)无人机的对地高度信息，能准确反映无人机实时对地高度；

3)可以上下调节角度的云台，以便无人机在下降之前能观察到障碍物。

2. 无人机过塔的风险点分析

根据国家电网架空输电线路无人机巡检作业安全工作规程要求，巡检作业时，无人直升机巡检系统距线路设备距离不宜小于 5 m，距周边障碍物距离不宜小于 10 m。结合该规程对无人机作业的相关规定和作业现场实际情况，分析过塔过程中存在可能导致无人机事故的 3 个危险点，具体如下：

(1)过塔时，升高的高度要足够高，并留有一定裕度，否则无人机过塔时可能会直接撞塔或因为掉高导致撞塔；

(2)过塔后，下降过程要明确开始下降的点，如果降落时距离线塔太近或还没完全过塔，将不满足"无人直升机巡检系统距线路设备距离不宜小于 5 m"的要求，甚至直接撞塔；

(3)过塔后，离开线塔过远开始降落，此时无人机视野朝向目标线塔，会忽视附近电力线路、信号塔、高大树木等障碍物，在降落或调整角度的过程中很有可能撞上去。

因此，选择合适的下降点，使下降点与线塔塔顶保持合适距离十分重要。

3. 无人机过塔操作流程分析

结合上文分析，可以把过塔过程大致分为：标定塔顶高度，确认上升高度并上升，跨过线塔以及调整合适位置下降。

(1)标定线塔高度。

此时无人机完成一侧线路顶架的巡检工作，使无人机云台调节至水平。调节无人机高度，当顶架处于图传画面中央时，此时控制台显示的高度也就是顶架的高度，即无人机和线塔顶架在同一高度。记下这个高度即完成顶架高度标定。

(2) 无人机垂直升高并过塔。

在完成高度标定后，无人机和线塔顶架在同一高度，此时垂直升高 H。在无人机过塔前，无人机朝向正前方，在图传上观察前方情况，确定前方空旷再开始跨越。跨越过程中，云台调至俯视45°，一边观察塔架一边飞行，当图传内看不到顶架时，使无人机水平偏航180°，云台依然是俯视45°，对准塔架，悬停。

(3)调整无人机到合适位置下降。

当无人机过塔至另一侧并偏航180°对准线塔，这时无人机的主要任务是确定一个合适的位置开始下降，这个位置与线塔水平距离为 D。此时云台依然是俯视45°，无人机开始向后移动，待另一侧塔顶位于图传中央，即可开始垂直下降。

因为无人机是水平移动，高度没有变化，所以无人机达到另一边线路对高塔的垂直高度也为 H，同时，由于俯视45°，因此水平距离 D 数值与 H 相等。讨论 D 数值必须满足以下条件：

1)根据上文可知，D 必须大于 5 m；

2）考虑无人机掉高、高度传感器数据误差等原因，要留足一定的安全裕度；

3）水平距离也不能太大，假如距离太大，无人机飞出线路通道保护区，则有可能撞上高的电力线路、信号塔、建筑物等。不同电压等级线路通道保护区的距离决定了水平距离 D 的上限且，$5 < D \leqslant$ 通道保护区距离。

综上，本例从安全和高效角度出发，将 D 确定为 10 m，即 H 也是 10 m。当无人机完成一侧线路顶架的巡检工作时，标定该处顶架高度，并以此为基础上升 10 m；跨越时云台调至俯视 $45°$，一边观察塔材一边飞行，当图传内看不到顶架时，使无人机水平偏航 $180°$，对准线塔；无人机开始向后移动，待另一侧塔顶位于图传中央，此时水平距离也为 10 m，无人机在此位置垂直降落，即可安全完成过塔，开展另一侧巡检任务。

7.6　任务实施标准

掌握拍摄流程以及安全注意事项以后，还需要按照一定的标准，拍出来的照片才能合格。不同的业主对照片的要求略有差别，最基本的准则是通过照片可以清晰地分辨出销钉。下文分全塔、塔头、塔身、塔基、塔腿等部分阐述线塔拍摄标准（见表 7-4）。

1. 全塔

（1）拍摄要求：包含线塔全貌［线塔基础至地线（光缆）之间的所有部分］，线塔尽量位于照片正中央。

（2）拍摄质量：能反映主材明显变形、线塔倾斜、悬挂异物、导地线掉串掉线等缺陷。

（3）拍摄样图如图 7-17 所示。

图 7-17　全塔拍摄样图

2. 塔头

（1）拍摄要求：包含塔头全貌［塔头下端至地线（光缆）之间的所有部分］，塔头尽量位于照片中央。

（2）拍摄质量：能反映塔材及地线支架明显变形、受损、缺失、严重锈蚀、导地线掉串掉线、悬挂异物等缺陷。

（3）拍摄样图如图 7-18 所示。

图 7-18　塔头拍摄样图

3. 塔身

(1)拍摄要求:包含塔身全貌,塔身尽量位于照片中央。

(2)拍摄质量:能反映塔材明显变形、受损和缺失,严重锈蚀、悬挂异物等缺陷。

(3)拍摄样图如图 7-19 所示。

图 7-19　塔身及横担摄样图

4. 线塔基面及塔腿

(1)拍摄要求:包含基础保护帽及周围情况(含护坡、堡坎、排水沟等防洪设施)以及完整的 4 条塔腿(不得相互遮挡)。

(2)拍摄质量:能反映回填土下沉或缺土、水淹、冻胀、堆积杂物;基础破损、酥松、裂纹,露筋下沉、上拔,保护帽破损;接地引下线断裂、松脱、严重锈蚀、外露、雷电烧痕;防洪、排水、基础保护设施坍塌、淤堵、破损等缺陷。

(3)拍摄样图如图 7-20 所示。

图 7 - 20　线塔基面及塔腿拍摄样图

5. 塔号牌

(1)拍摄要求:尽量保证号牌位于照片中间位置,字迹清晰可见,倾斜角度不得过大,多回路需要分别拍摄相应线塔号。

(2)拍摄质量:能反映杆(塔)号牌缺失、损坏、字迹或颜色不清、严重锈蚀等缺陷。

(3)拍摄样图如图 7 - 21 所示。

图 7 - 21　塔号牌拍摄样图

6. 绝缘子串导线端

(1)拍摄要求:单张照片能反映 70% 螺帽、销钉的紧固情况,每张需包含不少于两片绝缘子,通过多角度拍摄反映所有螺帽、销钉的紧固情况;照片放大后能清晰看到销钉;照片亮度适中,不得因过曝光及亮度不够而影响数据分析。

(2)拍摄质量:能反映导线从线夹抽出(导线滑移)、线夹断裂、裂纹、磨损;螺栓及螺帽松动、缺失;连接板、连接环、调整板损伤、裂纹;销钉脱落或严重锈蚀;均压环、屏蔽环脱落、断裂、烧伤;绝缘子弹簧销缺失,钢帽裂纹、断裂,钢脚严重锈蚀或破损等。

(3)拍摄样图如图 7 - 22 所示。

(a)

(b)

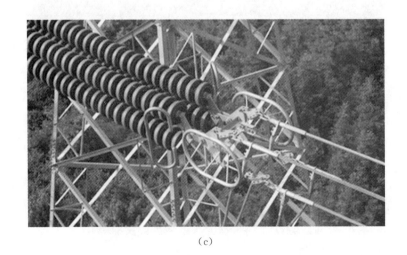

(c)

图 7-22　绝缘子串导线端拍摄样图

(a)悬垂绝缘子串;(b)悬垂绝缘子串导线夹;(c)耐张绝缘子串;

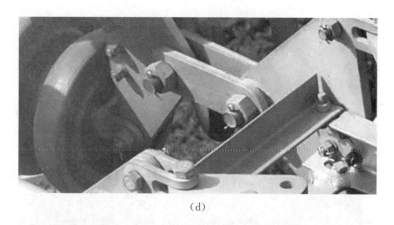

(d)

(e)

(f)

续图 7 - 22　绝缘子串导线端拍摄样图

(d)耐张绝缘子串挂点；(e)耐张绝缘子串与跳线；(f)耐张绝缘子串线夹

7. 绝缘子串塔身挂点

(1)拍摄要求：通过不同角度拍摄能反映所有螺帽、销钉的紧固情况，销钉清晰可见，照片亮度适中,不得因过爆光及亮度不够而影响照片分析。

(2)拍摄质量:放大后能看清螺栓及螺帽松动、缺失;连接板、连接环、调整板损伤、裂纹;销钉脱落或严重锈蚀;挂点塔材变形;绝缘子弹簧销缺失,钢帽裂纹、断裂,钢脚严重锈蚀或破损等。

(3)拍摄样图如图7-23所示。

(a)

(b)

(c)

图7-23 绝缘子串塔身挂点拍摄样图

(a)悬垂绝缘子串与塔身挂点;(b)挂点处U形螺位;(c)悬垂绝缘子串挂点;

(d)

(e)

(f)

续图 7-23　绝缘子串塔身挂点拍摄样图

(d)悬垂绝缘子串挂点特写;(e)耐张绝缘子串与塔身挂点;(f)耐张绝缘子串与塔身挂点及调整板

8. 绝缘子整串以及引流绝缘子

(1)拍摄要求：包含绝缘子接地端和带电端联接金具之间的整个绝缘子串，过长的分段拍摄，但不得遗漏绝缘子，双串(单相)及以上的，不得相互遮挡，从多个角度拍摄。

(2)拍摄质量：照片放大后可看清伞裙破损、严重污秽、放电痕迹；弹簧销缺损；钢帽裂纹、断裂，钢脚严重锈蚀或破损；绝缘子串顺线路方向倾斜角过大；绝缘子自爆等。

(3)拍摄样图如图 7-24 所示。

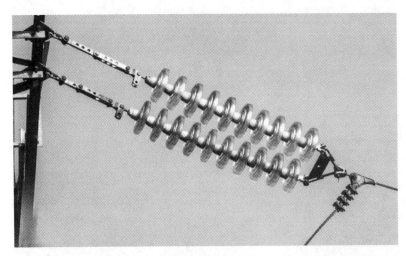

(a)

(b)

图 7-24 绝缘子整串以及引流绝缘子拍摄样图

(a)绝缘子整串；(b)引流线

9. 地线或光纤金具串

(1)拍摄要求：照片能反映所有螺帽、销钉的紧固情况，销钉清晰可见，照片亮度适中，不得因过爆光及亮度不够而影响照片分析。

（2）拍摄质量：照片放大后能反映地线从线夹抽出（导线滑移）、线夹断裂、裂纹、磨损；螺栓及螺帽松动、缺失；连接板、连接环、调整板损伤、裂纹；销钉脱落或严重锈蚀、连接点塔材变形等。

（3）拍摄样图如图 7－25 所示。

（a）

（b）

（c）

图 7－25　地线或光纤金具串拍摄样图

（a）地线横担；（b）地线耐张挂点；（c）地线悬垂串

(d)

续图 7-25 地线或光纤金具串拍摄样图

(d)地线悬垂挂点

10.防震锤或其他防震设施

(1)拍摄要求:需包含整组(导线每相、地线每侧)所含全部防震锤。

(2)拍摄质量:照片放大后能反应防震锤跑位、脱落、严重锈蚀、阻尼线变形、烧伤等。

(3)拍摄样图如图 7-26 所示。

(a)

(a)

图 7-26 防震锤或其他防震设施拍摄样图

(a)高压线防震锤;(b)耐张绝缘子串旁导线上防震锤

11. 线路通道

(1)拍摄要求:包含本基线塔部分点位(绝缘子串、导线横担等)、下基线塔,以及整体通道情况;多回塔应分别从对应回路进行拍摄;通道清晰,无云雾遮挡等。

(2)拍摄质量:通过照片可判断通道内建(构)筑物、鱼塘、水库、农田、树竹生长、施工作业情况;周边及跨越的电力及通信线路、道路、铁路、索道、管道情况;地质情况。

(3)拍摄样图如图 7-27 所示。

图 7-27 高压线路通道拍摄样图

以上即为线塔的基本拍摄标准。关于引流线、附属设施因为只在一些特定线塔上才会安装,因此在此处就不再过多阐述。

7.7 特殊情况处置

1. 无人机在低温环境下的使用

使用无人机进行电力巡检作业并非易事,在不同的地形下,不同的季节,难度也不一样,对飞手的操作也有不同的要求,尤其是在寒冷的冬季,无人机飞行也面临着不小的挑战。因此,在冰天雪地的环境中操作无人机需要注意一些事项。

(1)电池冬季续航。

冬季电池续航时间变短属不可抗自然现象,温度过低会使电池的效能和活性大幅度降低,从而影响无人机的正常工作。在北方或高海拔地区常会有低温天气出现,在南方的冬季也时有低温天气,飞行器是以锂电池为动力的,那么此时电池如果长时间在外放置,低温环境会使它的放电性能大大降低,电池容量会骤减,如果还要以常温状态时的飞行时间去规划,则一定会出现问题。电池问题困扰了众多经验不足的飞手,他们纷纷在网上求助资深飞手,如图 7-28 所示。

大疆无人机在冬天起飞,需要做哪些准备工作,怎么预热? 👍1   2018－04－21

冬季无人机飞行怎样对电池进行保温? 👍8   2016－11－28

无人机怎么解决长时间飞行导致电量耗尽的问题? 👍3   2016－07－27

怎么解决无人机续航短的问题?   2020－10－15

无人机航拍如何应对低温天气?   2018－02－13

大疆无人机冬天能飞吗? 👍14   2016－02－16

无人机电池为什么经常出现突然严重电量不足,产生直接降落?   2020－04－28

无人机怎么飞正确? 👍2   2020－02－20

图 7-28　关于低温电池续航问题的网友提问

解决方法如下:

1)飞行前务必将电池充满,尽量满电起飞,保证电池处于高电压状态。如果在过低电量下起飞,此时电池起始电压偏低,同时电池本体温度偏低,电压会被极速拉低,大大增加电压不足的风险,容易造成掉电炸机。

2)在飞行前一定要注意观察飞行器电池温度,温度在－10℃以下时,电池禁止使用。电池温度在－10～5℃时,起飞后需要保持低空悬停状态 1 min 左右,对电池进行预热,当温度达到 5℃以上时,才可以正常飞行。

3)起飞前需要给电池做保温处理,将电池保存在温暖的环境中,让电池温度升高,保证稳定的输出电流。要起飞时快速安装电池,并执行飞行任务。

4)由于在低温环境中,电压下降会非常快,这时应该缩短飞行时间,将低电量报警电压设置在 50%,电池电量控制在 30% 以上降落。

5)将无人机进行充分预热后再起飞,还可以将飞机的一些散热孔暂时封上,同样可以起到保温效果。

(2)冬季户外操作技巧。

极寒环境下飞手也面临着严酷的挑战。在冬季作业中,由于天气较为寒冷,飞手双手容易冻僵,以致手指不灵活,不能及时跟上各个舵的反应,无法进行顺畅操作,容易造成操作不当所致的机器损失。天气原因也会导致无人机性能下降,飞控的电子设备可能会工作不正常,这时飞手的操作也会受影响。此外在低压气流的影响下,无人机飞行状态的不稳定会使飞手难以及时调整姿态。

解决方法如下:

1)飞手在现场作业时需要配备足够的保暖防风等劳保用品,确保手脚灵活,头脑清晰。

2)在遇上结冰或者积雪覆盖的天气飞行时,由于光反射作用比较大,对飞手的眼睛损伤严重,可配备护目镜解决此问题。

3)为预防飞机性能下降,需定期对飞机进行保养维修,起飞作业前必须对飞机进行足够时间的预热,确保飞机性能稳定方可起飞。

4)时刻关注现场天气变化,通过可靠的天气预报了解作业周边的天气情况,且现场需配备风速测速仪,风速过大时严禁盲目作业。

(3)注意低温导致遥控器的失控。

在低温环境试飞的过程中,当出现莫名其妙的失控时,注意研判是否是遥控器的电位器出现了问题。所谓电位器,是指遥控器摇杆内部检测位移的装置,其会随着温度的变化热胀冷缩,可能导致接触不良,从而导致飞机失控。

解决方法如下:

在极寒条件下操作无人机,不光要做好电池、飞手的保温工作,同时也要保持遥控器的温度。

可以使用专供飞手使用的专用手套,如图 7-29 所示,在保护手部温度的同时,还能保证遥控器的温度。使用时可将双手和遥控器放入袋中,通过塑料布进行观察,既能保持遥控器的温度,又能保护双手。

图 7-29　遥控器防寒保护套

(4)无人机的保护。

在零下 15°左右执行任务时,机体表面及机体内部容易凝结水雾,要注意短路问题。另外还要注意非螺丝紧固的结构件,比如胶水拼接部位,在低温条件下会结块或脱胶,导致结构松脱等严重问题。

解决方法如下:

1)在飞行过程中,注意空气湿度虽然容易被忽略,但实际上也极其重要。冬季常见的雪天与雾天,通常会导致空气湿度上升,水雾或雪可能会进入机体内部,对内部零件造成腐蚀和损坏。因此,在飞行结束后,需要对飞行器进行除湿处理。使用质地较好的餐巾纸包裹,吸收水分,并且时刻观察,防止液体进入飞行器内部。

2)在寒冷气氛下,一些零部件,比如桨叶等也会变得更为脆弱,要更勤快地检查桨叶、外壳是否发生开裂,也可以考虑更换为牢固的碳纤维桨叶。

3)如果遇上机体结冰现象,必须停止飞行。

4)对于没有采用螺丝进行紧固的部件,在低温飞行时,必须重新加固,再用胶来黏合,保证即便脱胶的情况下结构也不会松脱。

(5)相机起雾受潮。

无人机和相机在从冷处到热处或是从热处到冷处一定会有结露现象,结露最大的危害出现在设备内部,所以最好不要在温差比较大的时候放飞。比如将刚结束飞行后的无人机放入温暖车内或有空调暖气的室内,这样可能会造成无人机和相机起雾受潮,下次即使在晴天飞行时也会出现镜头起雾的现象,影响拍摄,严重时甚至会导致无人机电机内部进水无法使用。

解决方法如下:

冬季或潮湿天气的每次作业后,都将无人机放入干燥箱内保存,以此防止无人机受潮起雾。如果相机已经因为受潮无法正常使用,可以将其放在除湿机的出风口,除湿半个小时左右,可缓解问题。长时间不用时,注意定期给无人机通电,也能够达到除湿的目的。

2. 无人机在高温环境下的使用

夏季使用无人机进行电力巡检作业也有很多的风险,在高温、高湿的环境中操作无人机也需要注意很多事项。尤其需要注意的是电池、机体散热以及螺旋桨。

(1)电池在高温下的工作风险。

受到锂电池特性的影响,在高温环境中,电池性能会严重下降。电池内部温度也不断升高。由于强放热反应而使电池温度突然升高导致热失控,便可能引起起火、爆炸等现象。高温环境中,电池电压升高,如果使用电池,可能导致电池发热。在高温环境中存放电池,也会使漏电加剧。

电池夏季使用建议如下:

1)电池必须充满电后再使用,以保证电池处于高电压状态。如果使用未充满电的电池,不仅电池起始电压低,同时高温环境将继续降低电池电压,从而加剧了电压不足的风险。

2)电池外观检查。检查电池外观是否存在损坏、变形等情况。检查电池接口的金属片是否存在破损、烧蚀等情况。检查电池充电排线是否存在松动情况,以及电池插入、取出过程是否顺畅。

3)操作打杆轻柔,避免暴力姿态。

4)在高温环境中,电压下降会非常快,应随时注意电量,并缩短飞行时间。

5)建议提前返航,避免低电量返航。

(2)电池使用注意事项。

1)避免在高温烈日下暴晒。

2)禁止在高温环境下充电。

3)避免高温下飞行后立即充电。

4)防止充电时间过长,充电到充电器转绿灯后即断开电源,不得长时间充电。

5)如果电池出现异味、发热、变形、变色或出现其它任何异常现象时不得使用;如果出现异常时电池正在使用或充电,应立即停止使用或从充电器上取出。

6)不要在极热环境中使用电池,比如阳光直射或热天的车内。否则,电池会过热,影响电池的性能、缩短电池的使用寿命,甚至着火。

7)只能在电芯规定的条件下使用电池,否则将会降低电池的性能或缩短电池的使用寿命。

(3)电池存放建议。

1)设备不使用时,应将电池取出,并且单独存放。

2)避免将电池靠近热源及易燃易爆品。

3)避免将电池长期放置在高温环境中,否则电池活性将大大降低,甚至造成锂电池性能不可逆的下降。

4)保持存放环境干燥,勿将电池放置于可能漏水、冰雪融化和潮湿的位置。

5)电池勿在完全放电状态下长期放置,以免电池进入过放状态造成电芯损害。

6)长期存储时,务必存放在 $-10\sim35℃$ 的环境中。

7)长期不使用时,每 $2\sim3$ 个月重新充放电一次,以保证电池活性,具体做法为 $1.0\,C$ 充电至 26.1 V,间隔 10 min,用 1.0 C 放电至 18.0 V,再间隔 10 min,再以 1.0 C 充电至 23.1 V 即可。

(4)无人机机体散热。

高温可能导致机体内部电路及元器件工作异常,进而导致飞行事故。在高温环境中使用无人机,禁止遮挡无人机的散热口,以保证充足的散热,可安装辅助散热设备。当不能进行良好散热时,停止飞行。

(5)注意螺旋桨变形。

高温可能导致某些材质的螺旋桨受热变形,进而导致无人机动力减少甚至丧失动力,所以务必注意高温对螺旋桨的影响,必要时更换其他耐高温材质的螺旋桨。

课 后 习 题

(1)什么是 RTK、PPK? 这两者有何区别?
(2)简述电力巡检前期准备工作。
(3)简述输电线塔巡检的安全操作流程。
(4)简述线塔巡检的实施标准。
(5)简述高低温环境里如何进行安全飞行。

第 8 章 其他无人机航测地面站及建模软件简介

本章讲解其他 6 种无人机航测地面站及 3 种建模软件。首先对 6 种航测软件的特点进行介绍，然后对 3 种建模软件的使用方法进行介绍。6 种 App 地面站分别是 Pix4D、Altizure、Skycatch Commander、Datumate、Site Scan、DroneDeploy，3 种建模软件分别是 ContextCapture、Photoscan、OpenDroneMap。

教 学 要 求

(1)了解 6 种无人机航测软件；

(2)了解 3 种建模软件。

内 容 框 架

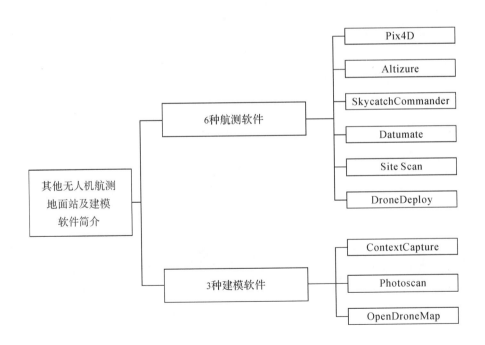

　　目前主流的无人机航测软件通常包括基于手机、平板客户端开发的数据采集部分和基于 Web 端、桌面端开发的图像处理部分。在数据采集部分,核心功能依然是航线规划,它已成为无人机航测软件的标配。让无人机完成自动飞行、自动拍摄,仅仅完成了无人机航测的第一步,航飞拍摄的照片还要经过数据处理才能使用,真正令航测软件形成差异化的是数据处理部分,优秀的处理算法可以输出优秀的测绘建模效果。本章将重点介绍 6 种比较优秀的航测软件和 3 种建模软件。

8.1　6 种航测软件

1. Pix4D

　　2011 年从瑞士洛桑联邦理工学院计算机视觉实验室起家,瑞士 Pix4D 公司凭借着坚实的技术将业务拓展到法国、美国和中国,并分别成立办事处。Pix4Dcapture 是瑞士 Pix4D 公司基于深圳大疆、法国 parrot 消费级飞行器研发的一款航测数据智能采集软件。软件分为 4 个模块:Grid(正射影像采集)、Double Grid(三维模型采集)、Circular(热点环绕)、Free Flight(自由飞行)。使用 Pix4D 公司的云处理服务或桌面级专业数据处理软件 Pix4Dmapper,不仅可以制作正射影像图、实景三维模型,还可以构建较为精细的单建筑实景三维模型和建筑立面影像,使消费级飞行器成为强大的地图测绘工具。

　　图 8-1 展示的是 Pix4D 工作流,这里介绍的 Pix4D,其实是一整套 Pix4D 系列的软件,包括 Pix4D capture(移动端)、Pix4D Desktop(桌面端)和 Pix4D Cloud(云端),如图 8-2 所示。基于整套软件 Pix4D 可以对无人机所拍摄的图像做体积计算、等高线、三维点云、数字表面模型、正射影响镶嵌图、三维纹理模型等处理。

计算机　　　　　程序处理　　　　　数据分析　　　　　数据共享

图 8-1　Pix4D 工作流

Pix4Dcapture　　　　　　Pix4D Desktop　　　　　　Pix4D Cloud

图 8-2　Pix4D 系列软件

　　Pix4D capture 可免费下载使用,功能与大多数航线规划软件相似。Pix4D capture 连接无人机,选定区域(可设定不规则的形状)和设置航测高度后,便可让无人机自动执行任务。

　　Pix4D Desktop 可免费下载,但软件会设定试用期限。Pix4D Desktop 可以对从 Pix4D

capture 获取到的数据进行（离线）处理。官方默认提供 Windows 的安装包,对于 mac OS 的用户来说,也可从官方网站下载 beta 版本。

Pix4D Cloud:捆绑 Pix4D Desktop 销售。其作用在于,一是将获取到的数据放在云端处理（免去对本地电脑性能不足的担忧）,二是方便存储和展示拍摄数据、输出结果。

除提供软件工具,Pix4D 还配备了技术支持、社区问答等售后服务。整体来说,这是一套典型的国外商业软件服务。

2. Altizure

Altizure 是一个可以将无人机航拍照片转换成三维实景模型的平台。Altizure 是由香港科技大学推出的航拍三维建模手机应用软件。该软件集成了自动数据采集、云端三维建模和网络社交共享三大功能,实现了飞行器从数据采集到处理、应用的一站式服务。在数据采集模式中,该软件不仅可以控制大疆飞行器采集垂直拍摄的图像(可制作正射影像图),还可以采集 4 个不同方向倾斜拍摄的图像。通过后期处理,可制作倾斜摄影实景三维模型,使航拍三维建模变得非常简单。

与 Pix4D 类似,Altizure 也把数据获取和处理分流到不同产品上运行,如图 8 - 3 所示。

图 8 - 3　Altizure 系列软件

Altizure App:也就是 Altizure 的移动客户端。在功能上,它主要用于无人机数据采集的路线规划,同时 Altizure 也允许用户通过客户端上传不超过 1 000 张的图片至服务器进行建模。

Altizure Web:Altizure 允许用户通过网页端单次上传不超过 1 000 张的图片(超过 1 000 张时浏览器可能会崩溃)至服务器,上传完成后,服务器会自动对这些图片进行建模处理。

Altizure Desktop:用于离线展示,同步 remote 数据后,即可在桌面端查看、测量和标注项目的建模结果(比如浏览测量结果等),如图 8 - 4 所示。

图 8-4　Altizure 建模结果

在网页端新建 1 个项目时,Altizure 会提示免费项目用户有 3 GP(3 gigapixels)的免费额度,这代表着,免费项目能上传的照片总像素要低于 30 亿像素,按每张张片分辨率为 4 000×3 000 像素(1 200 万像素)来计算,最多可以上传 250 张 1 200 万像素的照片。不过按照 Altizure 的运营策略,如果用户上传的建模项目入选编辑精选,免费额度便会相应提高。而对于专业用户来说(比如有下载模型结果需求),则可根据项目的大小购买相应的额度。

3. Skycatch Commander

Skycatch Commander(中文名称:指挥官)是美国商业无人机数据软件开发商 Skycatch 公司研发的一款飞行应用程序,如图 8-5 所示。它能够控制多旋翼飞行器自动获取影像,使其成为专业的航测工具。采集到的图像可以通过 Skycatch Dashboard 处理成高分辨率的正射影像图和三维模型。建筑、矿业和能源领域专业人士通过使用 Dashboard 即可进行业务决策和实现一些功能,例如计算资产、规划物流和报告进展等,还可以通过浏览器获得已处理的图像,让无人机用户更容易获得空中数据。

图 8-5　Skycatch Commander 软件界面

早期 Skycatch Commander 的工作是在高空中采集高清的图像和视频信息,用户只要到 Skycatch 的软件平台上指定自己需要采集的数据,Skycatch Commander 就可以自主规划如何完成任务并将数据传回给用户。该软件的业务主要集中在建筑业、矿业、太阳能行业以及农业,例如在矿业,采矿公司可以实时追踪生产的矿产数量,对原矿石进行质量评估,并对其他方面的数据进行实时分析。

Skycatch 推出航测软件套装供无人机用户使用:

Skycatch App:手机客户端的用途是连接无人机并负责航线规划和数据采集的部分。

Skycatch dashboard:可将采集回来的数据移至网页端进行操作,如图 8 - 6 所示。

图 8 - 6 Skycatch Commander 建模结果

4. Datumate

大疆创新(DJI)在 2015 年下半年成立了行业应用部,面向不同行业的企业提供专业解决方案。同年 11 月 1 日,DJI 宣布和以色列测绘公司 Datumate 合作推出为测量、制图和检测设计的专业软件套装 DJI - Datumate,如图 8 - 7 所示。DJI - Datumate 套装包含 DJI 精灵 Phantom4、DatuFlyTM 图像获取软件和 DatuGramTM3D 图像处理软件。DJI - Datumate 适用于基础测绘、建筑和基础设施等领域,能够将空中和地面的图像快速转换为高精度、带有地理坐标的二维地图和三维模型。

图 8 - 7 DJI - Datumate 软件界面

Datumate 专业测绘软件套装是全面而专业的影像处理和制图工具,其测绘级的精度,适用于基础测绘、建筑、基础设施和工程巡检等领域,可用于地形图、工程竣工、库存体积、道路、桥梁与铁塔、建筑外立面等方面的测绘。

DatuFly:负责航线规划和自动飞行软件,获取测绘区域的航拍图像。

DatuSurvey:桌面端软件,也是对航拍图像作建模、点云、量测、制线等处理的工具。

DatuSite:通过空中和地面图像生成 3D 点云,建立三维模型,生成地图,计算容积并生成报告,可快速且准确的监控施工场地,分析竣工场地并检验基础设施和公用设施。

Datumate 软件套装(这里指 DatuSurvey 的专业版)的亮点在于其高精度,用户可以直接在输出结果上绘制线划图,如图 8 - 8 所示,并且其输出的 DXF 格式文件可以导入各种 CAD 软件中,为建筑、工程类专业人士带来便利。

图 8 - 8　DJI - Datumate 直接绘制线划图

5. Site Scan

Site Scan 软件可集成到 DJI 所有无人机上,是 Site Scan 软件系统应用开发的又一重要突破,也为用户完成数据采集工作提供了更多的选择。DJI 无人机可与 3DR 公司的移动应用程序 Site Scan 软件兼容,与 Site Scan 软件进行无缝连接,其中包括自主飞行模式和多引擎云处理,还可与为建筑而设计的成套软件工具兼容,进行地形调查、计算半填卷、测量库存、输出 Autodesk 格式文件等,Site Scan 软件界面如图 8 - 9 所示,Site Scan 软件主要应用于企业服务。

企业用户可以在工作场地使用这个系统进行自动化任务执行和处理,通过这套系统处理的数据将被存储在 3DR 的云端上,并被发送至 Autodesk 云进行数据分析。值得一提的是,Site Scan 软件也支持大疆的精灵 4 Pro。

图 8 - 9　Site Scan 软件界面

6. DroneDeploy

DroneDeploy 无人机软件供应商致力于为用户提供无人机软件解决方案,包括自动飞行安全检查、工作流程、实时测绘和数据处理等,DroneDeploy 软件界面如图 8 - 10 所示。DroneDeploy 与大疆进行合作,将其软件解决方案提供给不同行业的终端用户,包括农业、房地产、矿山、建筑及一些商业和消费领域用户。没有经过专业培训的用户,也能接触并开展无人机航测工作,他们可以使用该平台来安排无人机飞行计划、编排飞行队列并对大量的数据进行采集和分析,以创建详细的地图和 3D 模型。在产品数据方面,DroneDeploy 用户分散在超过 150 个国家并已经测绘超过 1 000 万英亩(4.04×10^4 km²)的土地。

Fly & Captune Imapes
Use the Drane Deploy App for DJI Drones or your own software for other drone types.

Map & 3D Models
Upload your images to Map Engine to generate maps, models and more

Explore Analyze & Share
Analyze, annotate and share maps right from your device

图 8 - 10　DroneDeploy 软件界面

DroneDeploy App:用户可以在 Google Play 或美区 App Store 下载 DroneDeploy 的客户端版本,进行航线规划、浏览已建的交互式地图或 3D 模型。

DroneDeploy Web:有 30 天免费试用期,可供用户上传航拍照片进行处理,除可查看各种测绘模型外,还可以选择 NDVI、VARI 等算法查看图像中农作物的健康状况。

App Market:DroneDeploy 的核心软件,具有区别于其他航测软件的重要功能。用户可以根据自己的场景和专业领域在 App Market 里下载使用相应的软件(云服务),并在 DroneDeploy 上运行,比如用 WhiteClouds 对无人机地图进行 3D 打印,用 EZRoof 检查房屋屋顶或用 AgriSens 对农作物进行分析。

对比前其他航测软件,DroneDeploy 更接近于一个云服务平台,航测只是它其中一项云服

务,如图 8 - 11 所示。为了丰富这个平台,DroneDeploy 也专门提供应用程序编程接口
(Application Programming Interface,API),供第三方开发者、服务商接入平台,分发免费或收
费的软件。不过 DroneDeploy 在中国本土化存在一些问题,比如网络接入的速度较为缓慢,地
图信息比较老旧等。

　　除上述 6 款软件以外,还有 DJI GS Pro、Litchi、Autopilot 等飞控软件可用于完成数据采集。

图 8 - 11　DroneDeploy 提供的服务项目

8.2　3 种建模软件

1. ContextCapture

　　ContextCapture 原名 Smart3D,是摄影测量软件开发商 Acute3D 的主打产品,后来
Acute3D 被 Bentley 公司收购,软件更名为 ContextCapture。它可以快速为各种类型的基础
设施项目生成最具挑战性的反映现实环境的三维模型。软件基于拍摄的普通照片,不需要昂
贵的专业化设备,就能快速创建细节丰富的三维实景模型,并使用这些模型在项目的整个生命
周期内为设计、施工和运营决策提供精确的现实环境背景,包括根据普通照片创建达到整个城
市规模的模型,从而为各种类型的基础设施项目轻松快速地提供设计、施工和运营决策的背景
信息。软件建模如图 8 - 12 所示。

图 8 - 12　ContextCapture 建模演示

ContextCapture 的建模效果受到广泛认可，技术水平为业界标杆。腾讯也曾与 Acute3D 合作，利用航拍和街景拍摄技术，展开针对多个超大城市的大规模三维城市建模。其实现原理跟传统的像方匹配或物方匹配不同，ContextCapture 是直接基于物方 mesh 模型（物方三角网格模型）进行全局优化，如图 8-13 所示。

图 8-13　ContextCapture 直接基于物方 mesh 模型进行全局优化

在软件使用层面，ContextCapture 具有一定的复杂性和专业性，包括主从模式、工作队列（Job Queue）、控制点编辑、平铺显示操作（Tiling）、水面约束等知识点都需要一定时间的学习才能灵活使用，如图 8-14 所示。

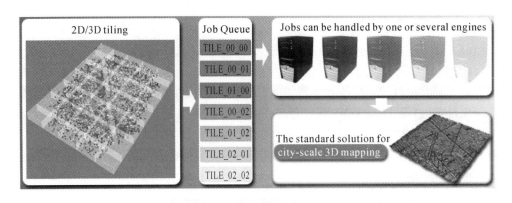

图 8-14　ContextCapture 工作流程

为确保建模的输出效果，ContextCapture 会建议用户对静态建模主体进行不同的角度拍摄，并将拍摄得到的照片作为输入数据源。这些照片附带着辅助数据（一般无人机默认拍摄设置都会保留），包括传感器属性（焦距、传感器尺寸、主点、镜头失真），照片的位置参数（GPS），照片姿态参数（惯性导航系统，Intertial Navigation System，INS），控制点，等等。这样才能输出真正高分辨率的带有真实纹理的三角网格模型，这个三角格网模型能够准确、精细地复原出建模主体的真实色泽、几何形态及细节构成，如图 8-15 所示。

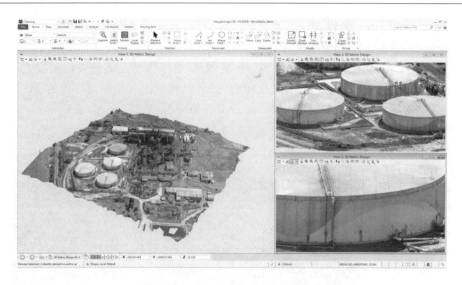

图 8 - 15　ContextCapture 建模结果

2. Photoscan

Photoscan 是俄罗斯软件公司 AgiSoft 开发的一套基于影像自动生成三维模型的软件。它是一款独立的实景三维建模软件,可对数字图像进行摄影测量处理,并生成 3D 空间数据,用于 GIS 应用、文化遗产文档和视觉效果制作,以及间接测量各种尺度的物体。PhotoScan 无须设置初始值,无须相机检校,无须控制点。它根据最新的多视图三维重建技术,可对任意照片进行处理,生成真实坐标的三维模型。照片的拍摄位置不受限制,无论是航摄照片还是高分辨率数码相机拍摄的影像都可以使用。整个工作流程可以自动完成影像定向和三维模型重建。

PhotoScan 可生成高分辨率真正射影像(使用控制点可达 5 cm 精度)及带精细色彩纹理的数字高程模型(Digital Elevation Model,DEM)。完全自动化的工作流程使非专业人员也可以在一台电脑上处理成百上千张航空影像,生成专业级别的摄影测量数据。

Photoscan 除用于三维建模,也用在全景照片的拼接中,如图 8 - 16 所示。该软件良好的融合算法可以适当弥补图像重叠部分匹配准确度的不足。

图 8 - 16　Photoscan 全景照片拼接效果

在使用上,Photoscan 提供着一套便捷的操作流程:首先导入照片,软件会自行对齐照片,找出拍摄角度和距离,全部完成后将建立密集云,计算每一点之间的关系,将每一个识别出来的点列入密集计算中,如图 8-17 所示;然后生成网格,有了各个点间的矢量函数关系,再按照实际情况连接起来,构建成为点线面的 3D 模型,此时已建立出一组平面影像的 3D 外形;最后生成纹理,软件根据建立密集云时的数据,将平面影像分配给 3D 模型,此时的模型拥有内部结构和外部图像,已经形成了初步的 3D 模型。

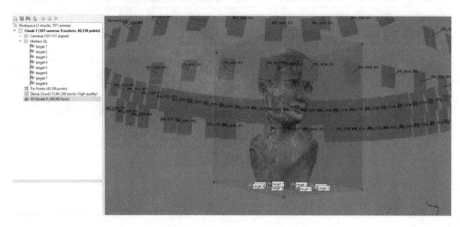

图 8-17 Photoscan 处理界面

如果把建模软件类比图像编辑软件,ContextCapture 对应的是 Photoshop,而 Photoscan 则更像是美图秀秀,从软件功能和界面上,Photoscan 更轻量,而在建模效果方面,Contextcapture 更专业。

3. OpenDroneMap

OpenDroneMap 是一个开源的航拍图像处理工具,最大的特点是开源和免费,其商标如图 8-18 所示。OpenDroneMap 可以将航拍图像处理为以下几种格式的数据:

(1)点云(Point Clouds);

(2)纹理数字表面建模(Textured Digital Surface Models);

(3)正射校正影像(Orthorectified Imagery);

(4)数字高程模型(Digital Elevation Models)。

开源意味着用户可以将 OpenDroneMap 安装到自己的电脑或者服务器上,并进行建模处理。

OpenDroneMap 提供 WebODM 软件(Web OpenDroneMap),相比于 OpenDroneMap 的命令行界面,WebODM 搭载 UI 操作界面,用户体验更好。另外,WebODM 处理后能生成多种结果,包括点云、GeoTIFF 等,并可做长度、面积等的测试或展示,更有利于 GIS 分析研究。

图 8-18 OpenDroneMap 商标

OpenDroneMap 支持不同的操作系统。下面以 MacOS 为例,介绍 OpenDroneMap 的使用方法。

(1)安装 Docker CE。在 Docker 官网找到并下载适用于用户操作系统的 Docker CE 版本 (Docker EE 是企业版,暂时用不上)。安装后,在 Terminal 上输入"docker ——version"来检验 Docker 是否安装成功。安装界面如图 8－19 所示。

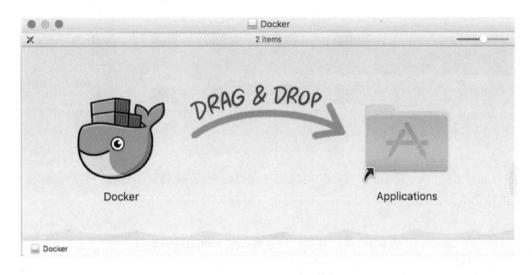

图 8－19　Docker 安装界面

(2)下载 OpenDroneMap。确认 Docker 成功安装后,在 Terminal 上输入指令"docker pull opendronemap/opendronemap",Docker 会从 Docker Hub 中下载 OpenDroneMap 的镜像。为提高下载速度,需提前使用 Proxifier 等工具。下载完成后,在 Terminal 输入"docker images",即可查看到下载的 OpenDroneMap 镜像,如图 8－20 所示。

```
● ● ●                    📁 packages — -bash — 95×6
[davidac:packages davidaclee$ docker images
REPOSITORY                  TAG          IMAGE ID       CREATED        SIZE
<none>                      <none>       2906fd190f5c   6 hours ago    267MB
opendronemap/opendronemap   latest       ba6697201ced   7 hours ago    3.85GB
davidac:packages davidaclee$
```

图 8－20　OpenDroneMap 镜像文件信息

(3)创建文件目录。在 Finder 上任意一目录新建一个名为 images 的文件夹,作为待处理图片的存放位置。以"项目名/images"的方式来对目录进行命名能更直观地管理文件,比如: "//odm_test_1/images""//odm_test_2/images"。

下一步将需要进行处理的航拍影像拷贝到 images 文件夹,如图 8－21 所示。如果暂时没有航拍图像,可在"OpenDroneMap/odm_data"下载范例素材。

图 8 - 21　将素材拷贝到 images 文件夹

（4）运行 OpenDroneMap。在航拍图像文件拷贝到 images 目录以后，打开 Terminal 并定位到项目文件夹中，执行图 8 - 22 所示指令，执行界面如图 8 - 23 所示。

```
docker run -it --rm \    -v $(pwd)/images:/code/images \    -v
$(pwd)/odm_orthophoto:/code/odm_orthophoto \    -v
$(pwd)/odm_texturing:/code/odm_texturing \    opendronemap/opendronemap
```

图 8 - 22　操作指令

指令的作用是：通过"OpenDronMap 对 odm_test_1/images"目录下的图像文件同时进行正射影像（odm_orthophoto）和纹理网面建模（odm_texturing）的图像处理（作为测试，为了节省时间，用户可以只选取"odm_orthophoto"或"odm_texturing"其中一种处理方式）。

```
odm_test_1 — docker run -it --rm -v ~/Desktop/Code/packages/OpenDroneMap/processes/odm_te...
[INFO]    Found 77 usable images
[INFO]    Running ODM Load Dataset Cell - Finished
[INFO]    Running ODM Resize Cell
[DEBUG]   Resizing dataset to: /code/images_resize
[DEBUG]   Resized DSC00240.JPG | dimensions: (1800, 2400, 3)
[DEBUG]   Resized DSC00229.JPG | dimensions: (1800, 2400, 3)
[DEBUG]   Resized DSC00241.JPG | dimensions: (1800, 2400, 3)
[DEBUG]   Resized DSC00230.JPG | dimensions: (1800, 2400, 3)
[DEBUG]   Resized DSC00242.JPG | dimensions: (1800, 2400, 3)
[DEBUG]   Resized DSC00232.JPG | dimensions: (1800, 2400, 3)
[DEBUG]   Resized DSC00243.JPG | dimensions: (1800, 2400, 3)
[DEBUG]   Resized DSC00233.JPG | dimensions: (1800, 2400, 3)
[DEBUG]   Resized DSC00244.JPG | dimensions: (1800, 2400, 3)
[DEBUG]   Resized DSC00234.JPG | dimensions: (1800, 2400, 3)
[DEBUG]   Resized DSC00246.JPG | dimensions: (1800, 2400, 3)
[DEBUG]   Resized DSC00235.JPG | dimensions: (1800, 2400, 3)
[DEBUG]   Resized DSC00247.JPG | dimensions: (1800, 2400, 3)
[DEBUG]   Resized DSC00236.JPG | dimensions: (1800, 2400, 3)
[DEBUG]   Resized DSC00249.JPG | dimensions: (1800, 2400, 3)
[DEBUG]   Resized DSC00237.JPG | dimensions: (1800, 2400, 3)
[DEBUG]   Resized DSC00251.JPG | dimensions: (1800, 2400, 3)
[DEBUG]   Resized DSC00238.JPG | dimensions: (1800, 2400, 3)
[DEBUG]   Resized DSC00252.JPG | dimensions: (1800, 2400, 3)
```

图 8 - 23　指令执行界面

指令解释：

1)docker run —it ——rm。

Docker 的运行指令。"—it"指让 Docker 分配一个伪输入终端并以交互模式运行容器；"——rm"是指在容器运行完之后自动清除以节省电脑存储空间。

2)—v $(pwd)/images：/code/images。

"—v"是用来将本地目录绑定到容器中，在本例中，是让 OpenDroneMap 知道待处理照片位置；冒号前面，代表的是本地 images 路径，其中（pwd）代表当前 Teminal 定位目录的绝对路径，用户可以更改为其他目录的绝对路径；冒号后面，是容器的路径，不可更改。

3)—v $(pwd)/odm_orthophoto：/code/odm_orthophoto。

这行指令可设置 OpenDroneMap 图像文件处理方式，用户可以根据项目需要，输入不同的处理指令，OpenDroneMap 提供了以下几种处理方式：

a. odm_meshing ♯ 3D 网面建模；

b. odm_texturing ♯ 纹理网面建模；

c. odm_georeferencing ♯ 地理配准后的点云图；

d. odm_orthophoto ♯ 正射影像图。

4)opendronemap/opendronemap。

这行指令用于指明需要调用的镜像，本例是调用 Repository 为"opendronemap/opendronemap"的镜像，可以用该镜像的标签（如果有设置的话）和镜像 ID 替代。

（5）查看结果。指令执行后，图像转交给程序去处理。处理完成后 Terminal 如图 8 - 24 所示。

图 8 - 24　Terminal 提示界面

在项目的文件夹中（比如"odm_test_1"），"odm_orthophoto"和"odm_texturing"目录可显示对应的输出结果，如图 8 - 25 所示。正射影像输出结果的预览图如图 8 - 26 所示。

图 8 - 25 输出结果

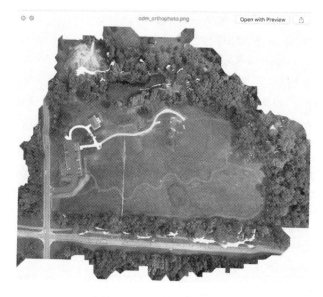

图 8 - 26 正射影像预览图

最终可得到一张无人机俯视航拍图,另外"odm_orthophoto"的输出结果还有一个后缀为 tif 的 GeoTIFF 文件,可应用在 QGIS 软件上作为光栅图层,供地理信息分析之用(比如实现地图的更新)。

课 后 习 题

(1)Pix4D 软件包括哪些功能单元?

(2)简述三种常见的航测软件。

(3)简述两种常见的建模软件。

第 9 章　无人机内业数据整理与处理

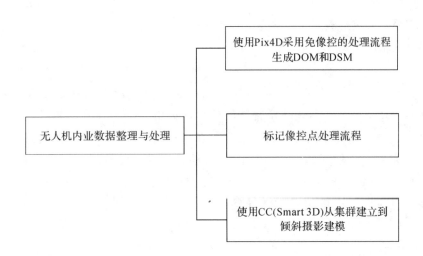

本章内容基于 Pix4D 软件,其与 PhotoScan 和 CC 只是操作方法不同,实际原理大致相同。本章主要讲解如何使用 Pix4D 处理大疆精灵 4 RTK(P4R)数据,并采用免像控的处理流程生成 DOM 和 DSM。为方便学习,本章还包括完整的标记像控点处理流程。在拍摄之前,为了保证相片的精度,关闭了 P4R 的畸变校正功能,因此拍摄出来的图片可能会出现"猫眼"

的效果,此时需手动设置 Pix4D 相机参数。在本章开始之前,需掌握以下知识。

1. 摄影测量原理

摄影测量是经过摄影,将三维的物理世界转变为二维影像,再由二维影像获取三维空间数据的技术。

2. 摄影测量应用

摄影测量技术运用广泛,例如,灾祸现场的实时二维建模、数字城市三维模型、基于三维模型的土方量计算等等,这些场景模型都是经过摄影测量技术完成的。

3. 实时二维建模

(1)作业流程。首先,外业采集数据。经过摄影采集测区的多视角照片及空间数据。其次,内业数据重建工作。将采集到的照片数据重建为所需求的模型。获取高分辨率多视角照片及高精度空间数据,是重建模型的关键。

(2)获取高分辨率多视角照片及高精度空间数据。照相机距离被摄物体越近,获取的照片分辨率越高,图像越精细。主流多旋翼无人机可以完成基本的悬停功能,并且装备了智能避障模块,使其相对于其他类型的无人机具有一个天然的优势,即可近距离获取被摄物体的高精度影像数据。同时,经过高精度三轴云台控制相机朝向,获取被摄物体的多视角照片。就目前的技术而言,一架合格的航测多旋翼无人机,必须配备智能避障模块及高精度三轴云台。

为获取高精度空间数据,无人机通过搭载 GNSS 全球导航系统可以获取地位信息,在拍摄的过程中将拍摄点的地位信息写入照片中,这样拍摄的照片就具有了空间地位信息。

4. 像控的必要性

由于大部分无人机搭载 GNSS 全球导航系统获取地位信息的精度只能达到米级,但是摄影测量需要更高精度的地位信息,所以需对地位信息进行纠正以达到要求。传统的做法是经过像控来纠正。

像控包含外业的打像控点及内业刺像控点。这里的像控点又称地面控制点(Ground Control Point,GCP),打像控是用一个特殊的外形标记出一个在地面已知准确位置的点,如经纬度及高度。用特殊外形标记的目的是方便在拍摄的照片中准确地找到它,打像控点需作业人员逐点完成,大部分由人工完成,占用大量的外业工作时间。刺像控是在内业数据重建时,在照片中找到这些控制点,并把这些点的准确地位信息输入到重建软件中,重建软件根据这些信息纠正并得出重建物体准确的空间数据,在内业处理中也占用大量的工作时间。

5. 免像控技术

像控点的次要作用是获取准确的地位信息。像控技术耗费大量的工作时间,采用免像控技术可以极大地减少工作量。免像控优势有以下几点。

(1)外业无须布设像控:缩短外业时间,山涧河谷地带可缩减 90%;人员设备更加安全,无须频繁奔波跋涉。

（2）内业提高空三效率：空三无须刺点，让空中三角测量变得智能化；空三时间缩短，让专业步骤自动。

（3）保证全图统一精度：立体测图，平面 10 cm，高程 5 cm；三维测图，平面 3 cm，高程 5 cm。

大疆 Phantom 4 RTK 无人机可以实现免像控，大疆创新将高精度导航定位系统引入无人机，Phantom 4 RTK 集成 RTK 模块，经过 RTK 模块可为无人机提供实时厘米级定位数据。

但是想做到免像控仅提供高精度的地位信息是不够的。市面上有很多搭载 RTK 模块的无人机，却做不到免像控，这是由于 RTK 模块得到的精准定位数据是模块本身的，而免像控除需要照片的数据外，还要进行数据同步。数据同步要考虑到飞机当时的姿态及 RTK 模块与相机模块的地位关系，还要考虑到照片记录的定位数据是拍照瞬间的数据。大疆创新为此研发了 TimeSync 精准数据采集系统，该系统完成飞控、相机与 RTK 的时钟系统微秒级同步，并对相机镜头光心地位和 RTK 天线中心点地位进行了补偿，减少地位信息与相机的误差，为影像提供更准确的地位信息。只有打通 RTK 模块、飞控模块及相机云台模块之间的通信，并且具有同步系统，才能获取影像的准确地位信息。

9.1　使用 Pix4D 采用免像控的处理流程生成 DOM 和 DSM

1. 前期准备

制定数据处理过程，如图 9-1 所示。

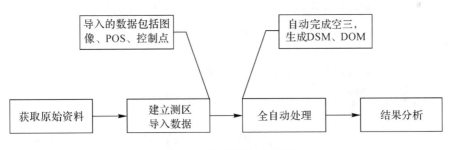

图 9-1　数据处理流程图

2. 运行 Pix4D 软件

新建项目，如图 9-2 所示。项目和存放的文件夹名称建议用英文创建。项目类型选择新项目，如图 9-3 所示。点击下一步。

图 9-2　新建项目

图 9 - 3　项目命名保存路径及类型

3. 添加图像

点击"添加图像"选择图片存放的文件夹,如图 9 - 4 所示,选中所有图片,点击"打开",然后再点击"下一步"。

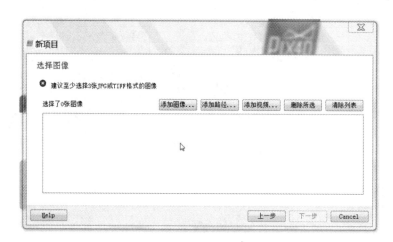

图 9 - 4　选择图像页面

4. 设置图片属性

导入图片,点击"下一步"后会弹出图片属性页面,如图 9 - 5 所示。有 3 个可以修改的设置,即图像坐标系、地理定位和相机型号。

图 9-5　图片属性页面

图像坐标系的选择主要取决于 POS 的格式,如果为 BLH 格式,通常选择默认的 WGS84,如果为 XYZ 格式,则通常根据实际情况选择坐标系,一般为 Xian 80、Beijing 54 、CGCS 2000。本例因为 P4R 拍摄像片自带 POS 数据,图像坐标系不用设置,使用默认的 WGS84 坐标系即可。

地理定位这一栏可以不设置,因为 P4R 已经把 GPS 信息写入照片,Pix4D 会自动把这些信息从照片中提取,不需要人工手动导入。

相机型号需要编辑,在相机型号这一栏,点击"编辑",如图 9-6 和图 9-7 所示。

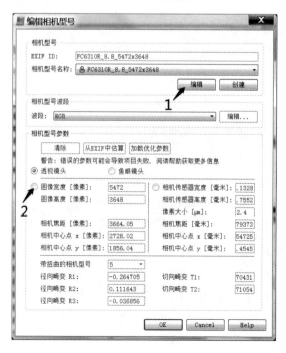

图 9-6　编辑相机属性 1

再次点击"编辑",然后勾选"图像宽度"。按顺序点击后,"编辑"两个字也会自动变成"保存",如图 9-7 所示。参数修改完成后,先点击"保存",再点下面的"OK"。

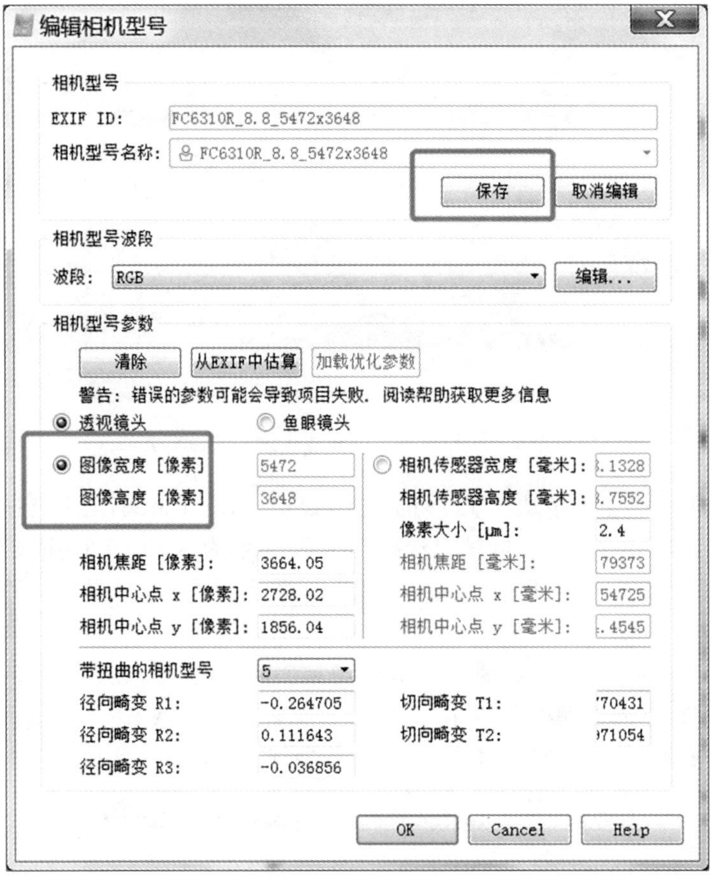

图 9-7 编辑相机属性 2

这里有几个参数都是需要修改的,如相机焦距,相机中心点 x、y,径向畸变 R1、R2、R3,像素大小,切向畸变 T1、T2。"相机焦距"设置为(fx+fy)/2,"相机中心点数 x"设置为 Cx,"相机中心点数 y"设置为 Cy,"径向畸变 R1"设置为 K1,"径向畸变 R2"设置为 K2,"径向畸变 R3"设置为 K3,"切向畸变 T1"设置为 P1,"切向畸变 T2"设置为 P2。其中需要注意的是 calibrate date 为校正日期;fx,fy 是以像素为单位标定出的焦距(一像元尺寸 $2.4~\mu m$);Cx,Cy 为以像素为单位的像主点坐标(坐标原点为影像中心)。某些建图软件,如 Pix4D 或 Context Capture 输入相机内参的时候,默认起点为影像的左上角,所以需要进行换算,具体换算案为:如果设定照片比例为 3∶2,则照片像素为 $5\,472 \times 3\,648$,此时相片的中心点的像素坐标相对于左上角为 2 736.0 和 1 824.0,则此时应输入建图软件的像主点位置应该为 2 731.07[5 472/2+(-4.93)]和 1 838.08[3 648/2+14.08]。相机参数的修改位置如图 9-8 所示。

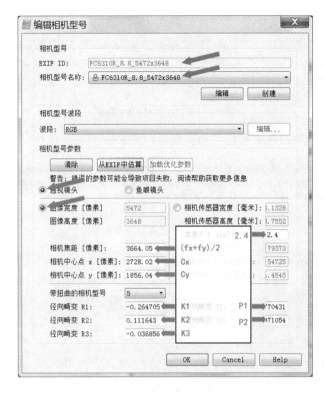

图 9 - 8　编辑相机参数

fx、fy、Cx、Cy、K1、K2、K3、P1、P2 这些数值按如下方法进行计算。

打开存放相片的文件夹,任取一张图片,打开图片写字板,如图 9 - 9 所示。

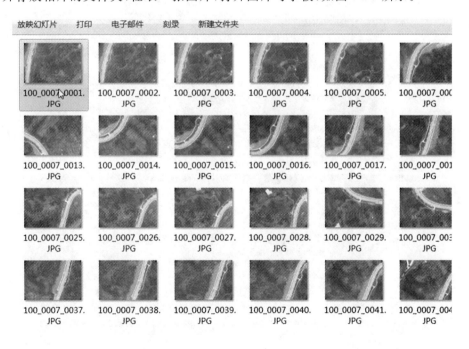

图 9 - 9　用写字板打开照片

在写字板中按"Ctrl+F"搜索"xmp",在搜索结果下部,找到如图9-10所示这一行字。

drone-dji:DewarpData=" 2018-11-06;3667.500000000000, 3660.610000000000, -7.980000000000, 32.040000000000, -0.264705000000, 0.111643000000, 0.000770431000, -0.000971054000, -0.036856000000"

图9-10　DewarpData 数据

为了方便查看,对关键数字进行了加粗显示,如图9-11所示。

drone-dji:DewarpData="**2018-11-06**; **3667.5**00000000000, **3660.61**0000000000, **-7.98**0000000000, **32.04**0000000000, **-0.264705**000000, **0.111643**000000, **0.000770 431**000, **-0.000971054**000, **-0.036856**000000"

图9-11　关键数值加粗显示

这里有10个数值,分别为 calibrate_date、fx、fy、Cx、Cy、K1、K2、P1、P2、K3,需要注意的是,若设定照片比例为3:2,则照片像素为 5 472×3 648,则等效位置为 Cx[5 472/2+(−7.98)],Cy=(3 648/2+32.04)。在无人机拍摄之前,会设置拍摄图片的比例,本例选择的是3:2,软件也会自动读取照片的这个参数。

本例中 Cx=2 728.02,Cy=1 856.04,fx=3 667.5,fy=3 660.61,K1=−0.264 705,K2=0.111 643,K3=−0.036 856,P1=0.000 770 431,P2=−0.000 971 054。

在实际项目里根据项目照片信息里的数值计算即可。

然后根据图9-8将计算的数值和上面对应的数值一一填入,注意正负号。填写完毕后,先点击上方的"保存",再点 OK。然后点击"下一步",如图9-12所示。

图9-12　最终设定的相机参数

5. Pix4D 快速处理

相机设置完成点击下一步后,会弹出处理选项模板界面,在这里选择"3D 地图-快速/低分辨率",现场检查航片是否有问题,如果航拍出现缺漏应及时补拍,如果快速处理现实航片没问题,即可进行全面高精度处理。

快速处理只是起到一个检查的作用,其结果精度比较低,所以快速处理的速度会快很多。因此快速处理建议在飞行现场用笔记本进行,发现问题方便及时处理。如果快速处理失败,那么后续的操作也可能出现相同的结果。快速处理测试方法如下。

选择"3D 地图-快速/低分辨率",如图 9－13 所示,然后点击"下一步"。

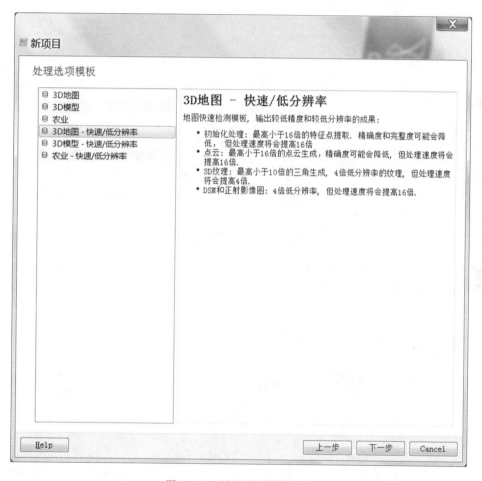

图 9－13　处理选项模版界面

选择"输出坐标系",如图 9－14 所示。输出坐标系需选择与控制点一致的坐标系,如果是测试免像控的项目,到这一步就可以直接选择"3D MAPS 标准模板",处理选项,校准项目内"方位元素优化"选择为不优化,开始处理项目。本例中因为 P4R 是免像控的,所以不用选择,默认自动检测即可,然后点击"结束"。

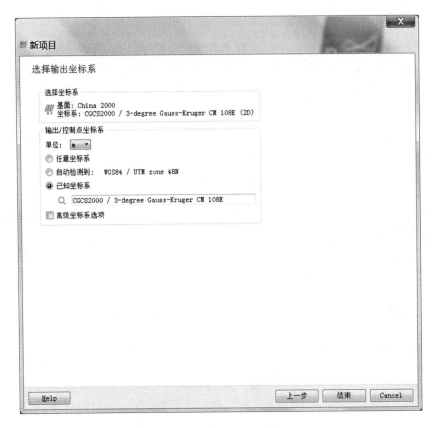

图 9-14 选择输出坐标系

点击"结束"后,在地图视图内会出现如图 9-15 所示界面,然后进行初始化处理,生成质量报告并检查航片质量。

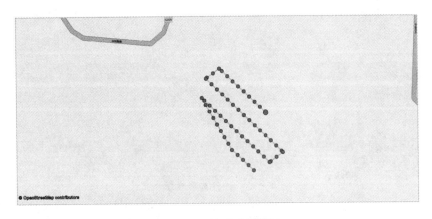

图 9-15 处理过程界面

点击"选项"按钮,取消勾选"点云和纹理""DSM,正射影像及指数",如图 9-16 所示。然后点击"OK",再点开始进行初始化处理,生成质量报告。

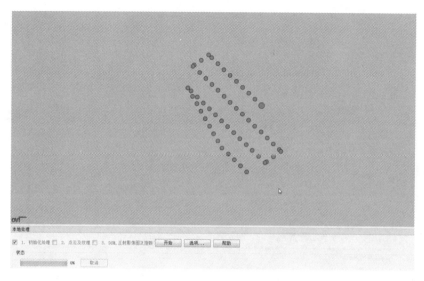

图 9 - 16　选项按钮的处理

6. Pix4D 检查质量报告

初始化处理完成后，自动生成了质量报告，如图 9 - 17 所示。质量报告的中英文对照可以查看软件附录。

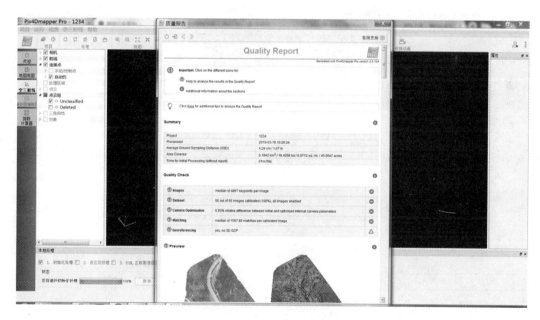

图 9 - 17　质量报告界面

在质量报告界面，Quality Check（质量检查）这一栏里 Image、Datasrt、Camera Optimization、Matching 条目显示的是绿色箭头就表示航片质量合格，如图 9 - 19 所示。

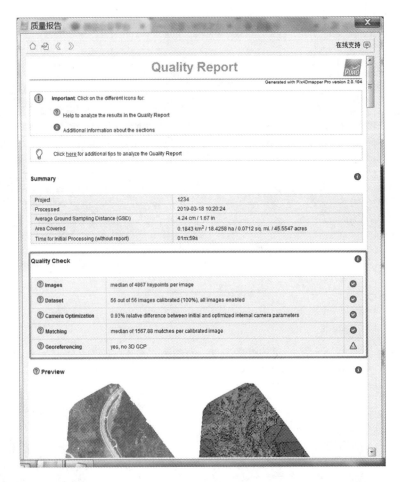

图 9-18 Quality Check 状态指示

在质量报告下部,找到相机的参数误差这一栏,R1、R2、R3 不能大于 1,否则可能出现严重扭曲现象,参数误差结果如图 9-19 所示。这里没问题即可进行全面高精度处理。

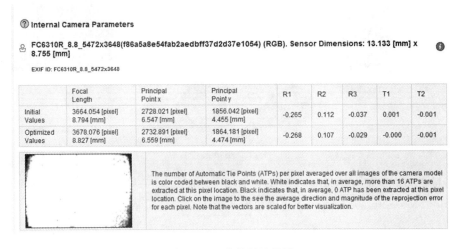

图 9-19 参数误差结果

7. Pix4D 全面高精度处理

质量报告完成后点击"选项",进入处理选项窗口,如图 9 - 20 所示,注意需勾选处理选项左下角的"高级"。

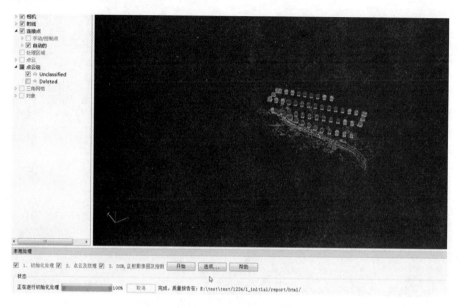

图 9 - 20　高精度处理选项窗口

在处理先项界面中,首先,勾选"点云和纹理""DSM,正射影像及指数",然后选择"初始化处理",在常规栏选择全面高精度。匹配和常规栏默认,如图 9 - 21 所示。

图 9 - 21　初始化处理参数选择界面

然后选择"点云和纹理",在常规一栏里,加密的点云选择 LAS,三维网格纹理选择 OBJ,如图 9-22 所示,高级和插件栏默认。

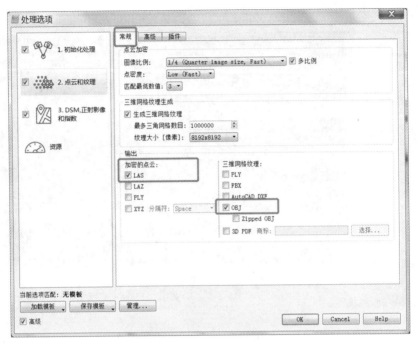

图 9-22　点云和纹理参数选择界面

然后选择"DSM,正射影像和指数","附加输出"一栏选择 LAS,如图 9-23 所示。

图 9-23　DSM 正射影像和指数参数选择界面

最后,检查确认参数设置,全部设置正确后点击"OK",然后点击开始进行全面高精度处理,处理过程如图 9-24~图 9-26 所示。

图 9-24　开始处理界面

图 9-25　等待处理结果界面 1

图 9-26　等待处理结果界面 2

第一步完成后弹出质量报告,颜色会由红变绿,继续等待 3 步都完成。

第三步完成后,弹出如图 9-27 所示界面,表示空三加密已完成,可以在文件夹查看生成的 DOM 文件和 DSM 文件。

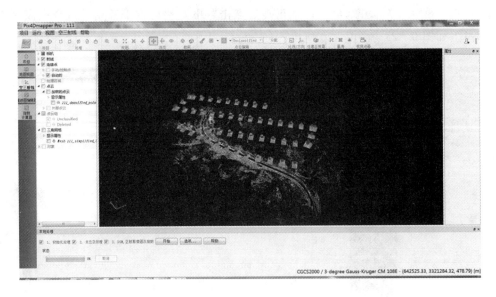

图 9 - 27　处理完成界面

处理完后,在刚刚保存项目的文件里会生成 3 个文件,分别为"1_initial""2_densification""3_dsm_ortho",如图 9 - 28 所示。

图 9 - 28　生成的 3 个文件

生成的 DOM 影像图存储路径如图 9 - 29 所示,其位于"3_dsm_ortho\2_mosaic"文件夹,文件后缀名为 tif。

图 9 - 29　DOM 影像图存储路径

最终生成的 DOM 图如图 9 - 30 所示。

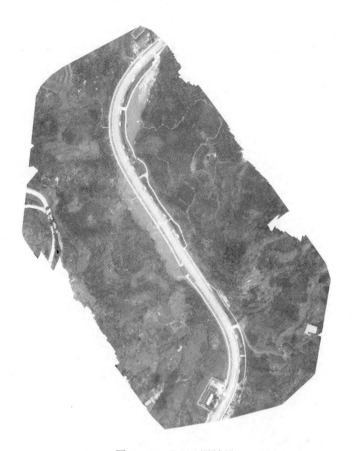

图 9 - 30　DOM 图效果

DSM 文件存储在"3_dsm_ortho\1_dsm"文件夹中,存储路径如图 9 - 31 所示。

图 9 - 31　DSM 文件存储路径

9.2　标记像控点处理流程

1. 输出坐标系

选择与控制点一致的坐标系,并选择 3D MAPS 标准模板,如图 9 - 32 所示。处理选项界面,校准项目内方位元素优化选择为不优化,开始处理项目,如图 9 - 33 所示。

图 9 - 32　选择输出坐标系

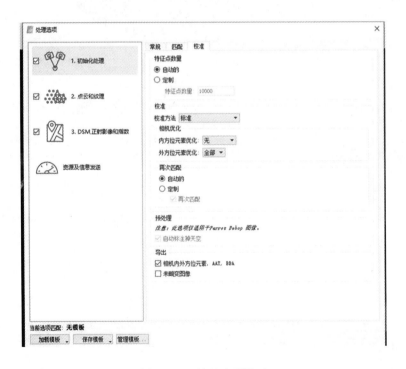

图 9 - 33　处理选项界面

2. 处理选项模板

如果需要添加像控控制点,模板选择为快速检测"3D MAPS"模式,如图 9 - 34 所示。

图 9 - 34 选择快速检测模板

3. 控制点编辑器

在控制点编辑器内导入控制点坐标，X 为东，Y 为北。选择控制点坐标系与输出坐标系一致，如图 9 - 35 所示。

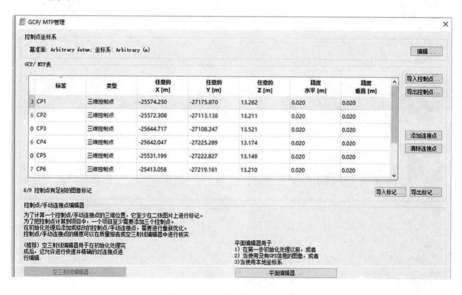

图 9 - 35 控制点编辑器

4. 平面编辑器标记控制点

打开平面编辑器,找到控制点所在影像后,标记控制点,如图9-36所示,控制点的标记效果如图9-37所示,随后进行快速空三处理。

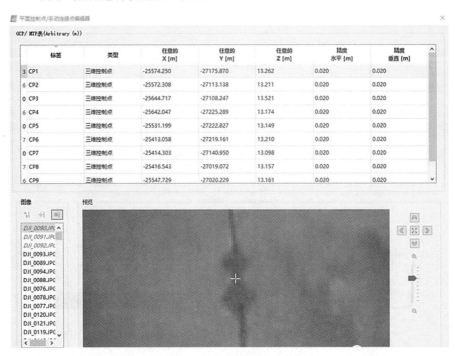

图9-36 标记控制点

图9-37 控制点(刺点)标记效果

标记控制点推荐使用航测助手,航测助手可以将转换后的 POS 与控制点显示在同一个界面内,对于寻找影像编号十分方便,如图 9-38 所示。

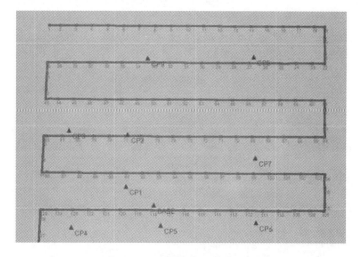

图 9-38　航测助手寻找控制点

5. 快速空三

快速空三只处理第一步"初始化处理",其他两步无须处理,如图 9-39 所示。

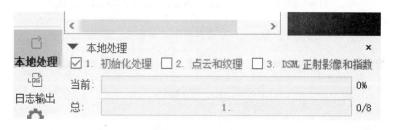

图 9-39　快速空三选项按钮的选择

6. 标记全部控制点

运行一遍快速空三后即可在空三编辑器内标记控制点,点到要标记的控制点上,软件会自动预测控制点位置,依次标记好控制点,如图 9-40 所示。

图 9-40　标记全部控制点

标记过的控制点会变为绿色,由于本组数据为测试数据,因此在拍摄时布置了比较多的控制点来做检核,实际处理不需要这么多控制点。

7. 标准空三

将控制点标记好后,调整模板为标准模式,进行完整处理,如图 9-41 所示。

图 9-41　选择标准处理模板

选择完模板后,勾选三个处理步骤进行处理。如果仅需 DOM 以及 DSM,第二步的纹理可以不处理。

9.3　使用 CC(Smart3D)从集群建立到倾斜摄影建模

1. 软件安装与打开

(1)安装软件后点击注册三次"Bentely_Licensing"文件,如图 9-42 所示。

图 9-42　注册三次"Bentely_Licensing"文件

（2）打开桌面图标 ContextCapture Center Master 新建工程（工程名称需是英文），如图9-43所示。

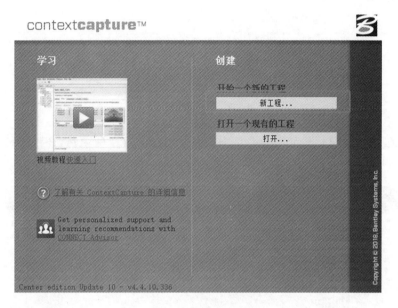

图9-43　新建工程界面

当用户新建一个项目时，系统建立一组目录来存储这个项目的数据，如图9-44所示。

图9-44　新工程命名确定保存路径

（3）点击"OK"建立新工程，如图9-45所示。

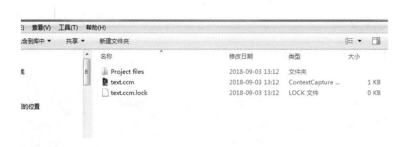

图 9-45　新工程文件夹

（4）系统创建的项目目录如图 9-46 所示。对于这个新建的项目，还没有任何的数据，用户需要导入图片才能进行后续的工作。新建的空白项目如图 9-47 所示。

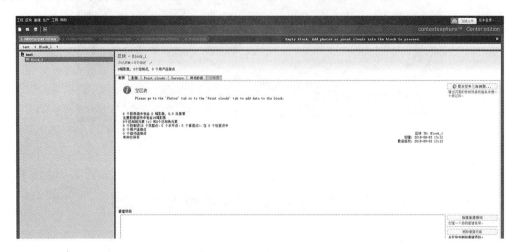

图 9-46　创建项目目录

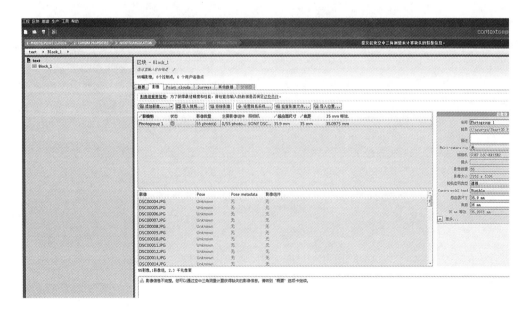

图 9-47　新建的空白项目

2. 添加影像

(1)影像筛选。剔除无用影像(如起飞、落地影像与天空影像),如图 9-48 所示。

图 9-48　原始影像材料

(2)点击"添加影像",添加整个目录,如图 9-49 所示。相机参数一样,将全部影像放到一个文件夹即可,如图 9-50 所示。

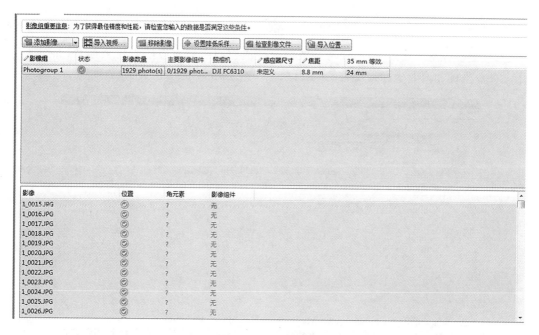

图 9-49　添加影像

图 9-50　参数相同影像放同一文件夹

3. 添加控制点

(1)点击编辑控制点。点击"Surveys",如图 9-51 所示。

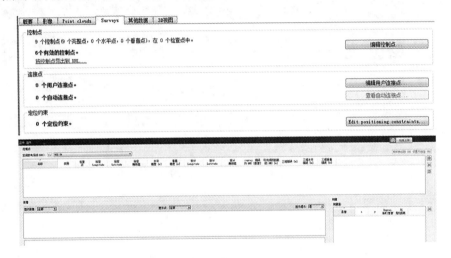

图 9-51　编辑控制点界面

(2)改变坐标系。点击"空间参考系统",改变成控制点相对应的当地坐标系,如图 9-52 所示。外业坐标和内业坐标是反着的(实际 x 为 6 位数字,y 为 7 位数字)。

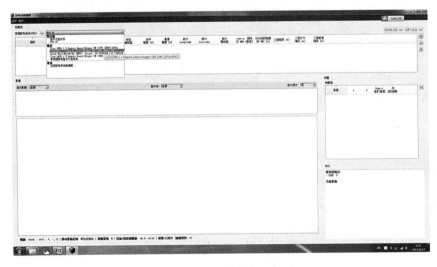

图 9-52　改变控制点坐标系

（3）导入数据。将外业数据 x、y 调换位置，如图 9 - 53 和图 9 - 54 所示。新数据存储到一个 txt 文件中，并导入到 Smart3D Master 中，如图 9 - 55 和图 9 - 56 所示。

点名	x	y	z
kz01	4256180.934	396314.284	2252.388
kz02	4256104.653	395858.863	2253.022
kz02jcd	4256097.743	395858.252	2252.852
kz03	4255524.597	396053.013	2263.349
kz04	4255778.482	396640.006	2260.81
kz04jcd	4255784.163	396649.158	2260.638
kz05	4255945.613	396590.01	2257.219
kz05jcd	4255978.121	396578.106	2256.638
kz06	4255865.965	396265.217	2258.398
kz06jcd	4255876.292	396260.967	2258.141
kz07	4256390.775	396980.864	2251.085
kz07jcd	4256392.398	396957.549	2250.905
kz08	4255811.477	397039.188	2263.691
kz08jcd	4255812.382	397042.058	2263.651
kz09	4256002.005	396818.889	2257.981
kz09jcd	4255997.694	396826.703	2258.355

图 9 - 53　外业数据

点名	x	y	z
kz01	396314.284	4256180.934	2252.388
kz02	395858.863	4256104.653	2253.022
kz02jcd	395858.252	4256097.743	2252.852
kz03	396053.013	4255524.597	2263.349
kz04	396640.006	4255778.482	2260.81
kz04jcd	396649.158	4255784.163	2260.638
kz05	396590.01	4255945.613	2257.219
kz05jcd	396578.106	4255978.121	2256.638
kz06	396265.217	4255865.965	2258.398
kz06jcd	396260.967	4255876.292	2258.141
kz07	396980.864	4256390.775	2251.085
kz07jcd	396957.549	4256392.398	2250.905
kz08	397039.188	4255811.477	2263.691
kz08jcd	397042.058	4255812.382	2263.651
kz09	396818.889	4256002.005	2257.981
kz09jcd	396826.703	4255997.694	2258.355

图 9 - 54　x、y 调换位置后的内业数据

图 9 - 55　导入坐标文件

图 9-56　导入后的界面

4.对图像刺点

(1)找点。按照外业组给出的图像进行找点,如图 9-57 所示。

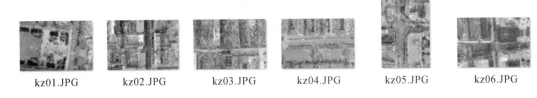

kz01.JPG　　kz02.JPG　　kz03.JPG　　kz04.JPG　　kz05.JPG　　kz06.JPG

图 9-57　找点示例

(2)检查确认。在 3D 视图中找到可以看到控制点的图像,剔除不合格点,如图 9-58 所示。

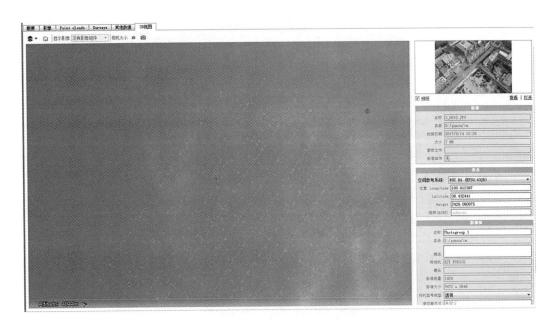

图 9-58　3D 视图界面

（3）编辑控制点。根据步骤 1、步骤 2 在对应的控制点号上找到对应的影像，如图 9 - 59 所示。

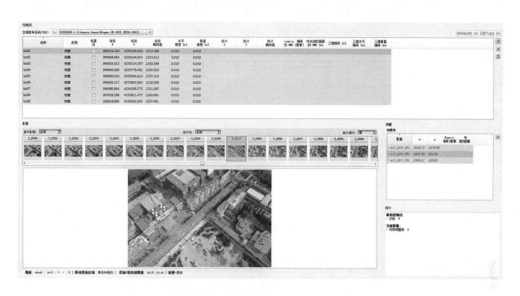

图 9 - 59　编辑控制点寻找对应影像

（4）一次刺点。按住 Shift 键同时鼠标点击控制点的位置添加控制点，按相同的操作点击连续三张图片的控制点，如图 9 - 60 所示。

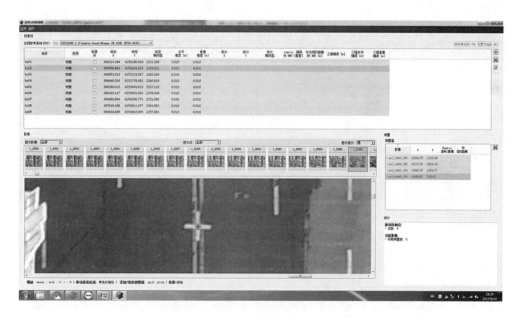

图 9 - 60　刺点操作

5. 一次空三

（1）空中三角测量。第一次提交空三，是为了在第二次刺点时，系统将会试图预测到相对的控制点上，大大减少了时间。提交空中三角测量，如图 9 - 61 所示。

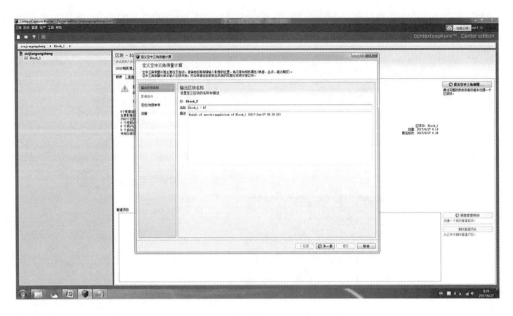

图 9-61 提交空中三角测量

（2）空三过程。依次完成以下操作：输入名称，点击"下一步"，点击"使用控制点平差"，点击"下一步"，设置不用变，点击"提交"（之后点击桌面 ContextCapture Center Engine 图标），开始预先跑第一次空中三角测量，运行界面如图 9-62 所示。

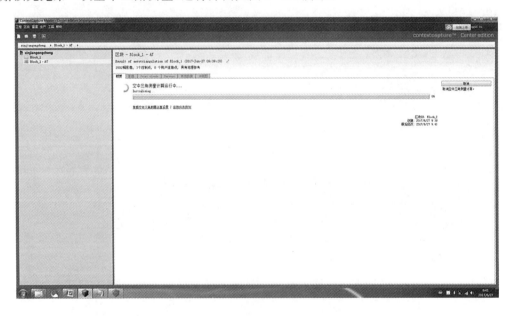

图 9-62 第一次空中三角测量运行界面

6.二次刺点

一次空三运行完成后，依次点击"Surveys""编辑控制点""显示"，影像改变成可能视点，将全部控制点刺点，保存并退出，如图 9-63 所示。这一步需注意的是，要将视图拉近到最大。

图 9-63　第二次全部刺点

7. 二次空三

点击"概要",提交空中三角测量(操作过程同第一次空中三角测量),运行界面如图 9-64 所示。

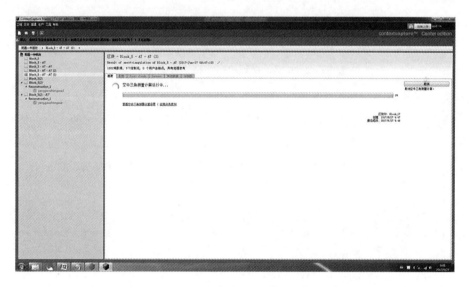

图 9-64　第二次空中三角测量运行界面

当控制点很少时,用严格配准的方法;当控制点足够时,用平差,如图 9-65 所示。

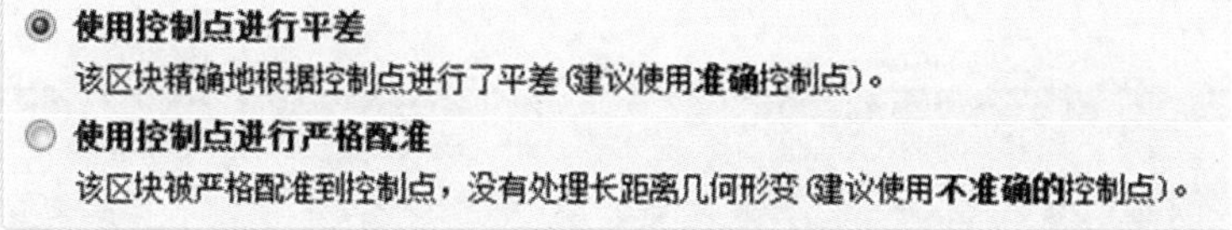

⦿ **使用控制点进行平差**
该区块精确地根据控制点进行了平差(建议使用**准确**控制点)。

◯ **使用控制点进行严格配准**
该区块被严格配准到控制点,没有处理长距离几何形变(建议使用**不准确的**控制点)。

图 9-65　控制点平差及严格配准选项

如果空三数据不理想,但是控制点很准时,则全部变成平差调整,如图 9 - 66 所示。

图 9 - 66 评估策略界面

当无人机状态不理想时,将评估小组改为"每幅影像",如图 9 - 67 所示。

图 9 - 67 评估小组的选项更改

运行完成后检查空三精度,点击"概要""视图"并将页面下拉,在"After aerotriangulation"一栏中查看"RMS ofreprojection errors［px］"竖行,所有数值应保持在 0.6 以下,如图 9 - 68 所示。如果达不到精度标准,需重复进行刺点工作。

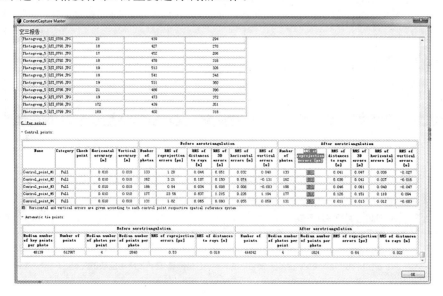

图 9 - 68 验证空三精度

8. 生产模型

（1）切块。二次空三完成后，依次点击"概要""新建重建项目""空间框架"，新建重建项目界面如图 9 - 69 所示。依次完成以下操作：选择空间参考系统，切块，模式改变为规则平面格网切块，改变切片大小数值。改变之后概览里的数值越大越好，但一定要小于计算机的内存数值，例如，计算机内存 64 GB，概览里的数值可以控制在 55 GB 左右。切块控制界面如图 9 - 70 所示。

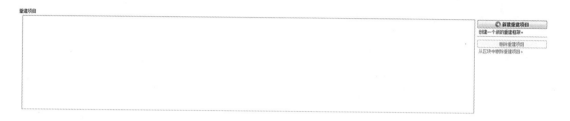

图 9 - 69　新建重建项目界面

图 9 - 70　切块选择控制界面

（2）参数设置。进行模型生产前需设置参数，依次完成以下操作：点击"概要"，提交新的生产项目，输入名称，点击"下一步"，选择三维网格，点击"下一步"改变格式为 OpenSceneGraph binary（OSGB），选择空间参考系统。其过程如图 9 - 71～图 9 - 73 所示。

图 9-71　生产项目定义——目的界面

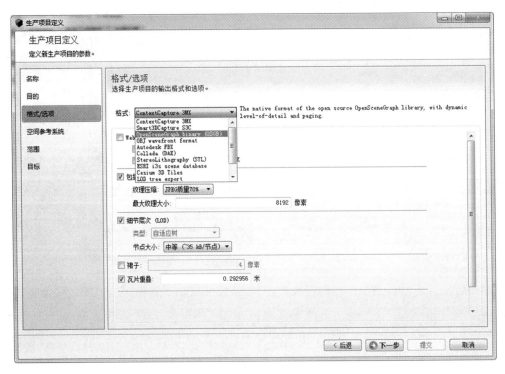

图 9-72　生产项目定义——格式/选项界面

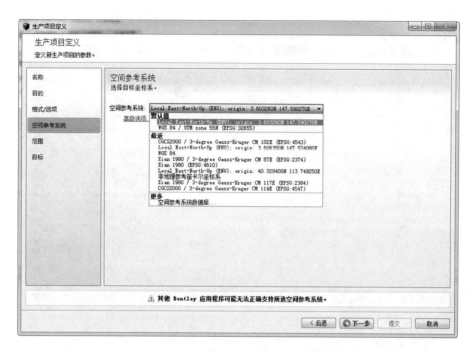

图 9-73　生产项目定义——空间参考系统界面

在生产项目定义——范围界面中选择范围(如果这一步正常,直接进行下一步),如图 9-74 所示。当需要对整个模型进行输出时,不用变。

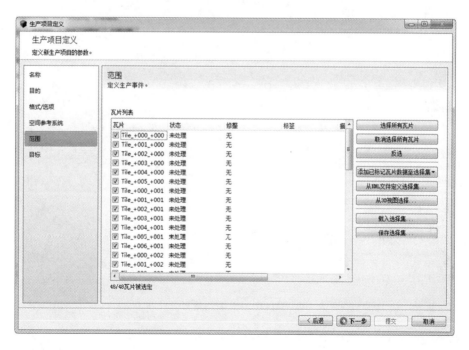

图 9-74　生产项目定义——范围界面

当选择某个区域进行输出时,可从 3D 视图选择相应的区域,如图 9-75 和图 9-76 所示。

图 9-75 选择输出区域

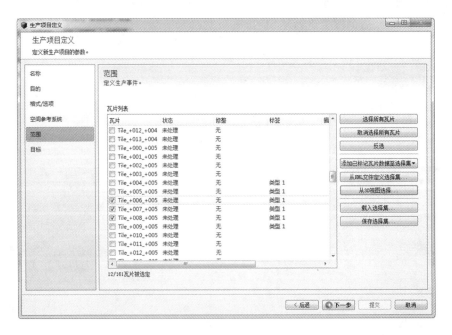

图 9-76 选择区域对应的选择瓦片列表

完成上述操作后将生成一个 Data 文件和一个 xml 文件(Data 文件是模型本身,xml 文件是含有坐标系等信息),如图 9-77 所示。将生成的 Data 文件进行合并,形成整个模型。s3c 文件是为了直接将模型进行可视化,生成的 s3c 文件如图 9-78 所示。

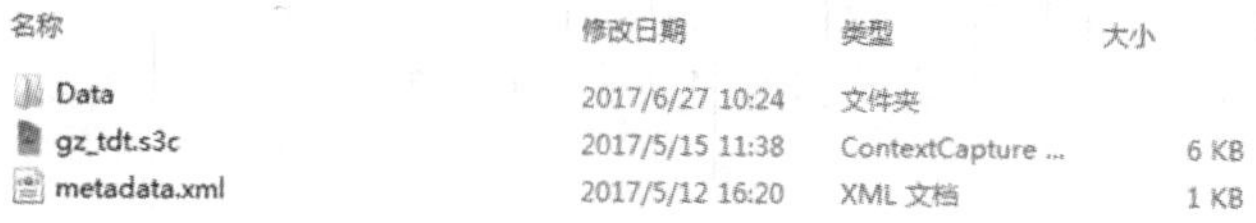

名称	修改日期	类型	大小
Data	2017/6/27 10:24	文件夹	
gz_tdt.s3c	2017/5/15 11:38	ContextCapture ...	6 KB
metadata.xml	2017/5/12 16:20	XML 文档	1 KB

图 9 - 77　生成的文件列表

对示选区域进行反选,如图 9 - 79 所示。

gz_tdt.s3c	2017/5/15 11:38	ContextCapture ...	6 KB

图 9 - 78　生成的 s3c 文件

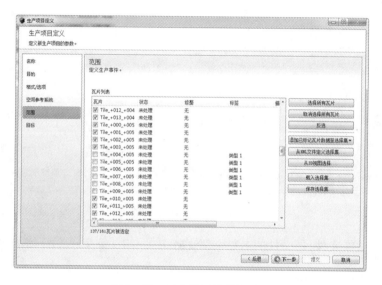

图 9 - 79　对未选区域进行反选

(3)生成模型。完成参数设置后选择保存路径,点击"提交"(需同时打开 ContextCapture Center Engine 引擎文件),进入生产模型文件界面,如图 9 - 80 所示。生产模型需经过以下操作过程。

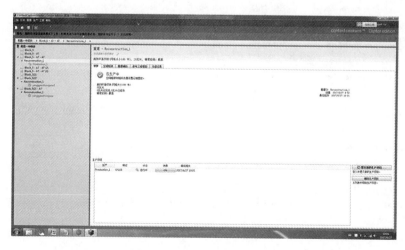

图 9 - 80　生产模型文件界面

1)运行模型数据后,打开相对应的 Productions 文件夹,复制一个 s3c 文件在 Productions 文件目录下。因为 ContextCapture 不能新建一个模型文件,所以需要复制一个 s3c 模型文件再修改。

2)打开 Data 文件夹新建一个 txt 文本文件,如图 9－81 所示。

图 9－81　新建 txt 文件

3)打开 txt 文本文件,把文件的名称全部复制在文本中,保存并关闭,如图 9－82 所示。

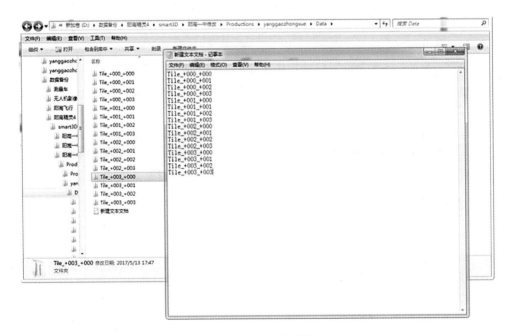

图 9－82　txt 文件编辑

4)新建一个 Excel 文件,如图 9-83 所示。

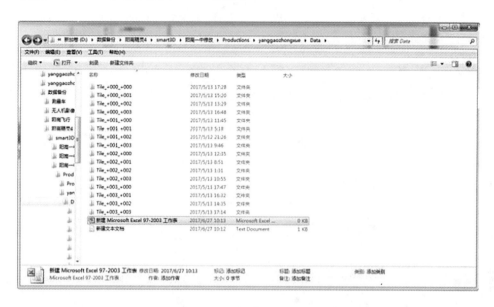

图 9-83　新建 Excel 文件

5)打开 Excel 文件,打开目录下的 txt 文本文件(文件格式选成所有文件)。

6)在 Excel 内打开 txt 文件,依次点击"下一步""下一步""完成",如图 9-84 所示。

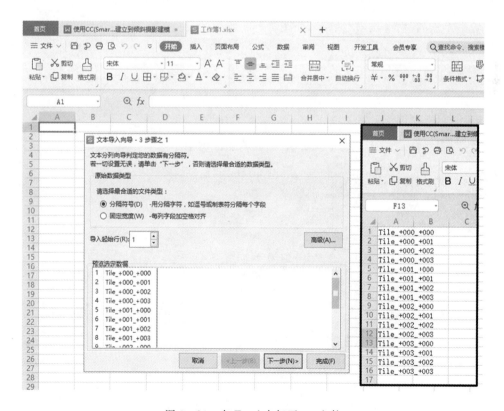

图 9-84　在 Excel 内打开 txt 文件

7)选中第一列,右键点击"复制",如图 9-85 所示。

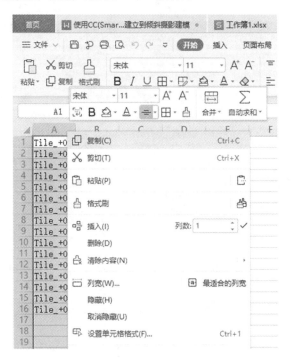

图 9-85　第一列复制

8)点击第三列,右键点击"粘贴",如图 9-86 所示。

图 9-86　第三列粘贴

9)点击第一列,右键点击"插入",如图 9-87 所示。

图 9-87　第一列前插入一列

10)第一列每个格子中输入"Data/",如图 9-88 所示。

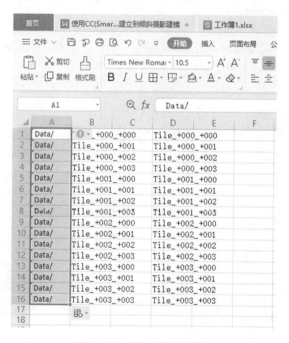

图 9-88　第一列填写数据

11)将第三列全部数据改为"/",如图9-89所示。

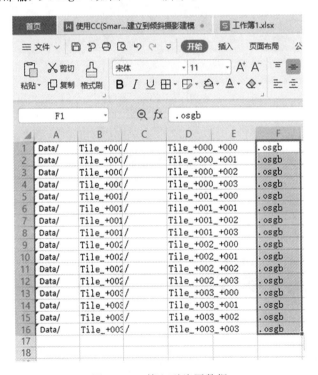

图9-89　第三列填写数据

12)将第六列全部输入".osgb",如图9-90所示。

图9-90　第六列编写数据

13)点击"另存为"［保存类型选择 CSV（逗号分隔）］,点击"保存",如图 9 - 91 所示。

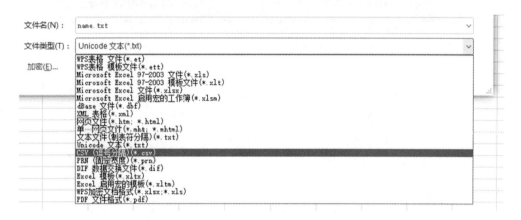

图 9 - 91　另存为 CSV 文件

14)打开保存的 CSV 文件,把文件中所有的","替换空白,保存并退出,如图 9 - 92 所示。

图 9 - 92　编辑 CSV 文件

15)找到 CC_S3CComposer 文件,其路径为:C 盘→Program Files→Bentley→Context CaptureCenter→bin,如图 9 - 93 所示。

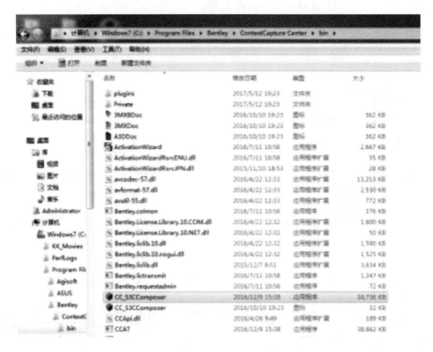

图 9 - 93　CC_S3CComposer 存储路径及位置

16)打开 CC_S3CComposer 程序,依次点击"文件""场景文件",如图 9 - 94 所示。

图 9 - 94　CC_S3CComposer 主界面

17）点击"工具""编辑命令行"，如图 9 - 95 所示。

图 9 - 95　CC_S3CComposer 工具命令界面

18）删除编辑命令行中部分内容，如图 9 - 96 所示，更改后的命令行如图 9 - 97 所示。

图 9 - 96　编辑命令行

图 9 - 97　更改后的命令行

19)复制第 13 步建立的 CSV 文件,如图 9 - 98 所示。

图 9 - 98　复制 CSV 文件

20)将以上数据复制到编辑命令行最前面,保存并关闭,如图 9 - 99 所示。

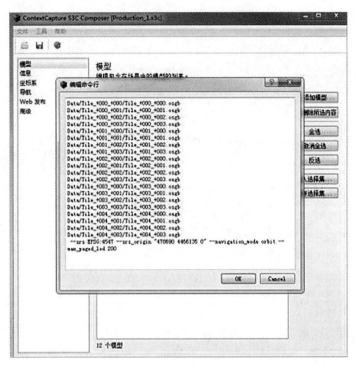

图 9 - 99　复制后命令行界面

21)点击"文件",将场景另存并覆盖 productions 文件下 s3c 模型文件,如图 9 - 100 所示。

图 9 - 100　场景另存

22)保存成功后即可生成模型文件,可以打开 s3c 文件进行浏览,如图 9-101 所示。

图 9-101　模型文件演示

9. Smart3D 集群操作

集群操作时,所有电脑必须在同一个局域网下,具体有以下 5 个步骤。

(1)建立 jobs 文件夹。将数据存放在一个盘里,比如 L 盘(建议是一个别的电脑都没有的盘符),在 L 盘新建一个名为"jobs"的文件夹,如图 9-102 所示。

计算机 ▸ 文档 (L:) ▸			
辑(E) 查看(V) 工具(T) 帮助(H)			
打开　包含到库中▾　共享▾　刻录　新建文件夹			
名称	修改日期	类型	大小
BaiduNetdiskDownload	2017/9/27 9:35	文件夹	
CASS9.0	2016/4/21 12:58	文件夹	
jobs	2017/9/27 13:03	文件夹	
lianxi	2017/9/24 21:19	文件夹	
lianxi1	2017/9/26 9:33	文件夹	
Mavinci 航飞计划	2017/7/13 15:21	文件夹	
minleshiyan	2017/9/26 16:08	文件夹	
MyDownloads	2017/9/14 18:51	文件夹	
QQMusicCache	2017/9/14 18:58	文件夹	
QQPCMgr	2017/8/17 10:49	文件夹	
网易闪电邮	2017/9/27 13:04	文件夹	
项目1	2016/4/23 11:09	文件夹	
项目2	2017/3/14 11:15	文件夹	
迅雷下载	2017/9/25 22:35	文件夹	

图 9-102　建立 jobs 文件夹

(2)共享数据所在盘。以 Win7 系统为例,讲述将 L 盘共享方法。首先右击 L 盘盘符,在共享页面中选择"高级共享...",如图 9-103 所示。

图 9 - 103　共享选项卡

在"高极共享"选项卡中点击"权限"按钮设置权限参数,将"Everyone 的权限"设置为"完全控制",如图 9 - 104 所示。

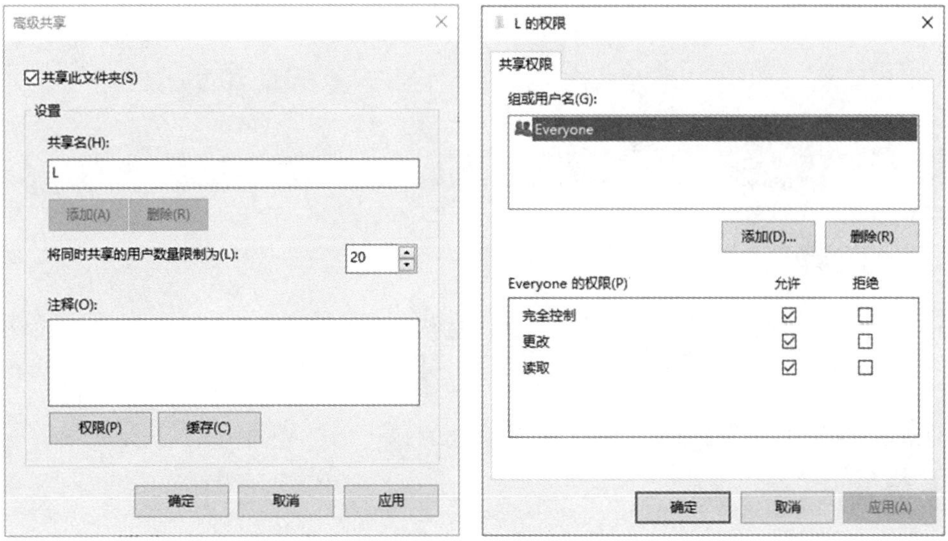

图 9 - 104　设置共享权限

如果权限选择卡中没有"Everyone",可依次点击"权限"选项卡中"添加"→"高级"→"立即查找"→"Everyone"进行查找,如图 9 - 105 和图 9 - 106 所示。

图 9 - 105　选择用户组添加 Everyone

图 9 - 106　查找结果

（3）指定主机 CC 引擎路径。打开 CC 安装根目录下的"CCsetting",其路径如图 9 - 107 所示。

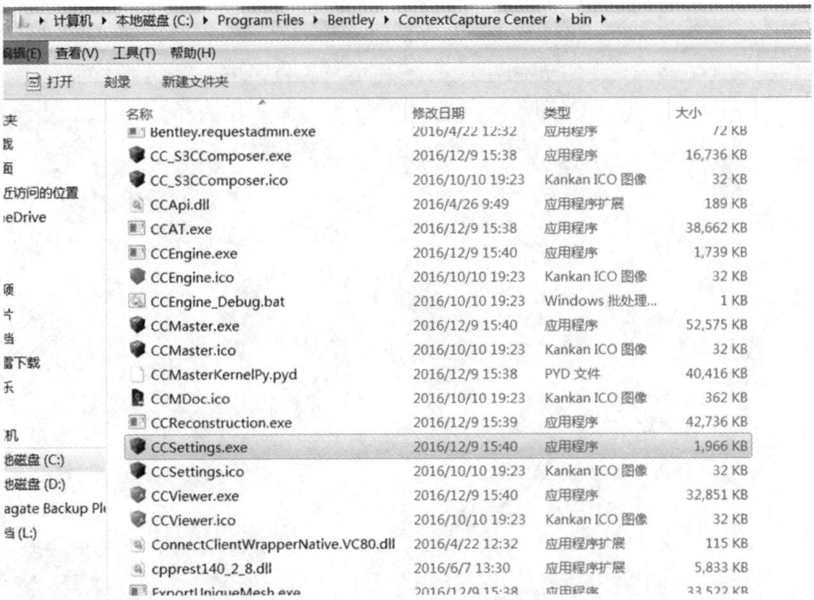

图 9 - 107　CCsetting 存储路径及图标位置

在配置选项卡中将"**任务序列目录**"指向"步骤一"中创建的"jobs"文件夹,如图 9 - 108 所示。确定之后,运行"CCEngine.exe"引擎,引擎运行目录即指向"jobs"文件夹,如图 9 - 109所示。

图 9 - 108　定义任务序列目录

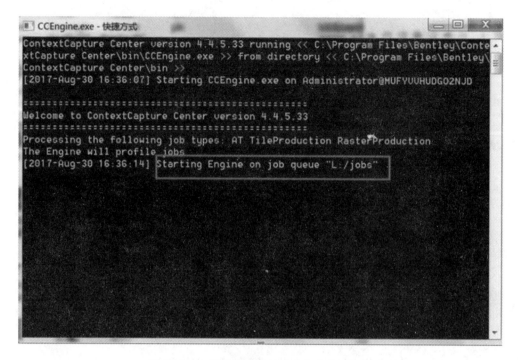

图 9-109　引擎运行目录指向"jobs"文件夹

（4）配置副机。

1）映射共享的主机盘符。在用来帮助处理三维模型的电脑上（称为副机），通过局域网找到"主机"电脑，打开共享的盘符。右键点击盘符并选择"映射到网络驱动器"，将盘符名改为与主机一致"L"盘，如图 9-110～图 9-112 所示。

图 9-110　打开共享计算机

图 9 - 111　下拉菜单中的映射网络驱动器

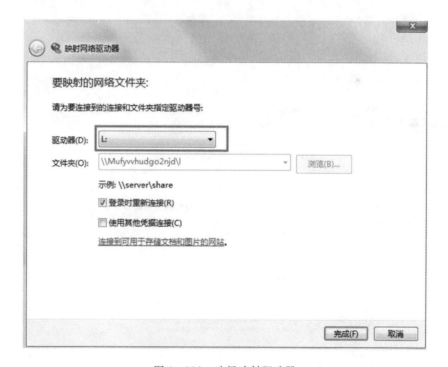

图 9 - 112　选择映射驱动器

　　2)指定副机引擎路径。在副机 CC 安装根目录下找到"CCsetting"软件,将引擎路径指定到"映射的共享文件夹 jobs",如图 9 - 113 所示。

图 9 - 113　引擎路径指定到"映射的共享文件夹 jobs"

指定副机引擎路径之后,只要在主机的 L 盘创建工程,在处理三维模型时,将副机的引擎打开,就会帮助处理三维模型,可以看到多个任务并行。

(5)设置权限。

1)依次找开"控制面板""网络和共享中心""高级共设置",选择"启用网络发现"和"关闭密码保护",如图 9 - 114 所示。

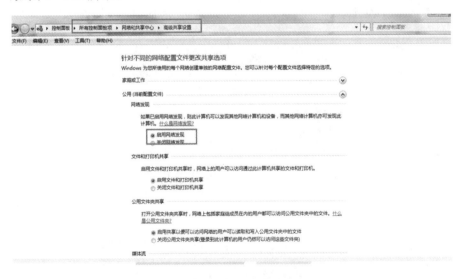

图 9 - 114　启用"网络发现"

2)依次打开"控制面板""用户帐户""管理帐户",在当前页面中选择"来宾账户"进行添加,如图 9 - 115 所示。

图 9 - 115　添加账户

3)右击主机共享盘符,在下拉菜单点击"属性",在安全选择卡中选择"Everyone""完全控制",点击"确定"即完成权限设置,如图 9 - 116 所示。

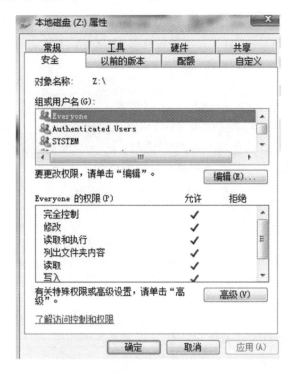

图 9 - 116　设置用户组权限

课后习题

(1)使用 Pix4D 采用免像控的数据处理流程是什么?

(2)航测中为什么要进行快速出图?

(3)像控点的刺点要求有哪些?

(4)如何解析 PPK 数据?

(5)解释空三质量报告各部分含义。

第10章 常用地面站操作实务

内容提示

本章主要讲解常用地面站操作实务。操控人员在执行飞行任务过程中需要随时掌握无人机的飞行状态,因此本章首先讲解 6 种常规飞行仪表,随后讲解常见地面站及 OSD 参数含义,以便操控人员能够正确解读飞行数据。

教学要求

(1)掌握通过飞行仪表、组合式仪表、OSD 对无人机飞行数据进行解读的方法;
(2)能够使用常用地面站软件对中国 AOPA 民用无人机驾驶员考试地面站科目进行练习;
(3)了解各类常用飞行记录表,掌握填写规范。

内容框架

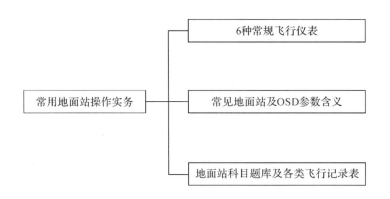

10.1 6 种常规飞行仪表

飞行中,无人机地面站 6 个最基本的仪表提供飞行数据,仪表分为上下两排,每排三个仪表,上排从左到右依次为空速表、姿态仪、高度表,下排为转弯侧滑仪、航向仪、升降速度表。其中,空速表、姿态仪、高度表及航向仪为飞行最重要且必不可少的四个仪表,常被称作"BasicT",如图 10-1 所示的 T 形位置的仪表。

图 10 - 1　一种典型分布的基本仪表(BasicT)

（1）空速表(Airspeed Indicator)：指示飞机相对于空气的速度，即指示空速的大小，单位为节(kn)(1 kn＝1 n mile/h＝1.852 km/h)。

（2）姿态仪(Attitude Indicator)：指示飞机滚转角(坡度)和俯仰角的大小，由固定的横杠(或小飞机)和人工活动的天地线背景组成，参照横杠与人工天地线的相对姿态模拟真实飞机与实际天地线的相对姿态。

（3）高度表(Altitude Indicator)：指示飞机相对于某一气压基准面的气压高度，单位为英尺(ft)。拨动气压旋钮可以选择基准面气压，基准气压的单位通常为英寸汞柱(inHg)和毫巴(mbar)(1 inHg ＝ 3.39 kPa；1 mbar ＝ 100 Pa)。当基准气压设定为标准海平面气压29.92 inHg(1 013.2 hPa)时，高度表读数即为标准海压高度。

（4）转弯侧滑仪(Turn Coordinator)：指示飞机的转弯速率和侧滑状态，仪表中可以转动的小飞机指示转弯中角速度大小和近似坡度，可以用左右移动的小球指示飞机的侧滑状态。

（5）航向仪(Heading Indicator)或水平状态指示器(HIS)：指示飞机航向，有固定的航向指针和可以转动的表盘组成。HIS 为较高级别的仪表形式，它除了可以提供航向仪的所有功能外，还可用于甚高频全向信标(VOR)导航和仪表着陆系统(ILS)的使用。

（6）升降速度表(Vertical Speed Indicator)：用来指示飞机的垂直速度，单位为英尺/分钟(ft/min,1 ft/min＝30.48 cm/min)。

"BasicT"的相对位置是固定的。转弯侧滑仪可以在电子仪表中集合到姿态仪里，升降速度表可以集合到高度表中。目前多采用多功能组合型仪表，将以前需要多个仪表才能提供的信息显示在单个仪表上，如图 10 - 2 所示。

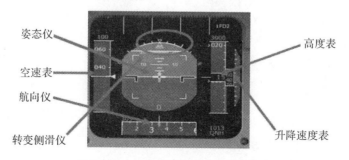

图 10 - 2　一种典型的组合式电子仪表

10.2 常见地面站界面及 OSD 参数界面含义

1. 地面站界面

图 10-3 的左上角显示的是一种组合式仪表,不同的地面站参数布局略有不同,本例以 Mission Planner 无人机地面控制站软件界面为例,各字母的含义如下。

A——偏航率;   H——高度表;

  B——俯仰角;   I——地平线;

  C——侧倾角;   J——速度表;

  D——航向角;   K——空速计;

  E——爬升率;   L——地速计;

  F——数据连接信号(参考丢包率); M——当前飞行模式;

  G——GPS 时间;   N——GPS 定位信息;

图 10-3 常见地面站及 OSD 参数界面

2. OSD 界面

屏幕菜单式调节方式(On-Screen Display,OSD),主要是将飞行数据信息直接叠加在图像上,使飞行操控人员直接了解飞行状态信息。不同的飞控 OSD 界面布局略有差别,但图注内容基本一致,各数字图注的含义如下。

1——飞行时间(显示格式为分钟·秒)。

2——飞行模式,常见的有 MAN(Manual,手动模式)、STB(Stazer,增稳模式)、WPT(WayPoint,航点模式)、CIR(Circle,盘旋模式)、ALT(Altitude,定高模式)、RTH(Return To Home,回家模式)。

3——总航程。

4——航向角,以正北为 0°,正东、南、西分别为 90°、180°、270°。在飞机速度大于 5 km/h 的时候,该读数来自 GPS。飞机速度低于 5 km/h 时,由飞控的磁罗盘和 GPS 共同决定。

5——GPS 锁定的卫星数。

6——接收机信号场强指示（Received Signal Strength Indicatien，RSSI）。搭配具有 RSSI 输出的接收机，可以了解当前遥控接收信号的强度。遥控接收机信号最好的时候该数值显示为 100。

7——目标方位角，表示目标相对于飞机的方位角。若该方位角为 0，则说明目标在飞机的正北方向。

8——目标高度，表示飞控目前正在试图到达的高度数值。

9——地速，单位 km/h 或 mile/h。如果连接了空速传感器，一般会有两个读数：上方的读数表示空速，下方的读数表示地速。

10——当前油门。参考高度刻度尺的全长为 100%，通过它可以判断当前油门的大小。

11——相对起飞点高度，单位 m 或 ft。该读数来自气压高度计。

12——爬升率。高度刻度尺左边的竖线，往上达到满刻度表示 4 m/s 的爬升率，往下达到满刻度表示 4 m/s 的下沉率。超过刻度量程的更大的数值，将会用数字的方式显示出来。

13——人工地平线。飞控根据姿态估算在屏幕上虚拟画出的地平线，便于参考飞行姿态。

14——飞机图标，保持在屏幕中央，模拟从飞机机尾看过去的角度。该图标结合人工地平线可以参考判断飞机的姿态。该图标在人工地平线上方，表明飞机是抬头姿态，反之则是低头姿态。图标相对人工地平线左倾，则说明飞机向左倾斜。

15——目标航向指示器，用来指向目标的方位。指示器在图中接近 12 点位置，表示目标在飞机正前方。指向 9 点位置（左侧）则说明目标在飞机左边，对准目标需要左转 90°。

16——电池电压，通过传感器测得的电压数值，仪表指针表示电池电压的剩余比例。飞控会假设单节电池电压 4.2 V 为满，3.7 V 为空。

17——通过传感器测得的电流数值。

18——消耗的电量，单位是 mA·h。需留意大部分锂电池在 3.7 V 终止放电，并不能放出电池所标称的容量值，这是正常现象。

19——回家距离。

20——从上到下的数据分别表示海拔高度、经度、纬度。

10.3　地面站科目题库及各类飞行记录表

1. 地面站科目考试题序简介

为维护民用无人机驾驶员考试的公平性、公正性与公开性，经中国航空器拥有者及驾驶员协会（Aircraf Owners and Pilots Association of China，AOPA－China）无人机管理办公室研究决定，自 2018 年 1 月 18 日起，限定依据《民用无人机驾驶员实践考试标准》实施的民用无人机驾驶员地面站考试航线均取自《AOPA 民用无人机驾驶员地面站科目题库》（以下简称题库）中。

在考试飞行前准备阶段由考试员从题库中随机选取航线，考试员可依据现场实际条件和无人机系统特性，决定航线的方位（本题库中各考题的航线可依据考试员要求随意旋转角度）以及航线参数中的各项数值（考试员依据无人机系统特性决定航线要素中的数值以及误差范围）。

考试员须为学员讲解考试航线要素,学员知晓题目并示意无异议后开始计时,学员应在6 min内完全依据题目完成航线的规划、检查与上传,无人机进入随时可起飞状态。进入飞行实施阶段,无人机按照规划的航线执行飞行任务,之后按考试员指令完成以下内容:

(1)在操作时间限制内修改航线并执行修改后航线;

(2)在操作时间限制内完成地面站应急返航操作;

(3)在操作时间限制内完成模拟位置信息丢失,姿态模式应急返航操作。

学员按要求完成所有阶段考试科目方可视为地面站考试科目通过。

2. 飞行记录表

无人机作业各类飞行记录表参见附录5。

课 后 习 题

(1)基本飞行仪表包括哪6种?

(2)试画出一种典型的组合式电子仪表。

(3)使用常用地面站软件对中国 AOPA 民用无人机驾驶员考试地面站科目进行练习。

(4)常用飞行纪录表一般有哪些?

附　　录

附录1　无人机专业词汇

1. AOPA - China:航空器拥有者及驾驶员协会(AOPA),民航局将无人机驾驶人员的资质管理权授予了中国AOPA,时间是2015年4月30—2018年4月30日,管理范围为视距内运行的空机质量大于7 kg以及在隔离空域超视距运行的无人机驾驶员的资质管理。

2. API:应用程序编程接口(Application Programming Interface),无须更改飞控的源码就可以实现附加的功能,可以保证飞控的稳定性。

3. AR:增强现实(Augmented Reality),把虚拟信息与现实画面叠加,常与FPV结合使用。

4. BD:北斗定位系统。

5. BVLOS:超越视线。操作员无法以独立的视力(双筒望远镜、照相机等)看到无人机的任何飞行,包括操作员无法分辨无人机朝向哪个方向。

6. CE:欧洲统一认证(European Conformity),无人机说明书上的CE代表无线电的功率等符合欧洲标准。

7. CEP:圆概率误差(Circular Error Probable),定位结果在此半径的圆内的概率为50%。

8. DGPS:差分系统(Differential Global Positioning System),与基准站比较提高无人机的定位精度,有RTK和RTD等。

9. FCC:美国联邦通信委员会(Federal Communications Commission)。

10. FPV:第一人称主视角(First Person View),把无人机机载摄像头的画面实时传输回来。

11. GCS:地面控制站。GCS通常是操作员用来控制或向无人机发出命令的界面。

12. GLONASS:格洛纳斯(Globalnaya Navigatsionnaya Sputnikovaya Sistema),俄罗斯版的GPS。

13. GNSS:全球卫星导航系统(Global Navigation Satellite System),GPS、格洛纳斯、北斗以及欧洲伽利略,都统称为GNSS。

14. GPS:全球定位系统(Global Positioning System),美国的卫星定位系统。大多数的手机导航、车载导航、无人机都使用GPS定位系统。

15. GSD:地面采样距离。GSD是在被检查物体(大多数情况下是地面)上测量的图像中像素之间的距离。例如,1英寸的GSD相当于一张照片中的每个像素宽1英寸。更好的GSD

通常可以在预处理和后期处理中获得更准确、更高质量的数据。GSD 是有效载荷和高度的函数。

16. IMU:惯性测量单元(Inertial Measurement Unit),有三轴陀螺仪和三轴加速度计,可以推算出飞机的姿态。

17. IOC:控制反转。

18. KV 值:电机在空载情况下每分钟的转速,可表示电压每提高 1 V,空载转速提高的幅度。

19. LiDAR:激光雷达(Light Detection and Ranging),作为三维航测用的豪华装备,精度高,但是非常昂贵(三维建模也可以用较廉价的倾斜摄影测量)。

20. MEMS:微型机电系统(Micro Electro Mechanical System)。

21. PID:比例、积分、微分控制[比例(proportion)、积分(integral)、导数(derivative)]。

22. PMU:是一种解决便携设备电源管理的方案,本质是测试电池的电压来确定电源剩余电量。

23. POS:定位定向系统(Position and Orientation System),里边有 IMU 和 DGPS,可以生成实时的导航数据,为航测(航空摄影测量)作数据支撑。

24. ppm:百万分之一(parts per million),有些 RTK 的定位精度标称为 1 cm+1 ppm,意思是无人机定位精度是其与基准站的距离的百万分之一加 1 cm。当然,精度与距离并非线性关系,一般在 10 km 以内成立。

25. RC:无线电遥控(Radio Control)。

26. RSSI:接收信号强度指示器。此测量可用于确定信号质量运行状况。

27. RTD:实时伪距差分(Real - time kinematic pesudorange Difference),比 RTK 低档的差分技术,比较的是 GPS 设备与卫星间的距离,精度为"亚米级",就是误差在 1 m 以内。

28. RTK:载波相位差分(Real - time Kinematic),比较建立在已知点的基准站所接收到的 GPS 载波,来剔除无人机上 GPS 定位的误差,可以把精度提高到厘米级。

29. RTK 定位系统:实时运动定位系统。RTK 定位系统使用参考站来实时提高定位精度。

30. SAR:合成孔径雷达(Synthetic Aperture Radar)。

31. UAV:无人驾驶飞机(Unmanned Aerial Vehicle),简称"无人机"。

32. VR:虚拟现实(Virtual Reality),沉浸于虚拟的立体世界,常与 FPV 结合使用。

33. 安全返航:无人机安全终止任务并返回地面的方法。该操作可能不需要操作员输入。

34. 半自动飞行:在飞行中,操作员必须提供一些输入以完成操作。

35. 边栏:数据集在相邻飞行线的每一侧具有的重叠量。

36. 垂直起降:代表垂直起飞和着陆,这意味着无人机可以在不需要发射系统的情况下起飞。

37. 蹿高:指在 GPS 模式下悬停时,无人机突然极速升高。

38. 电动脚架:可以操控的无人机脚架。

39. 电调:电调的作用是控制电机转速的调速器。

40. 掉高:指的是无人机高度的突然降低。

41. 定高:固定高度,无人机会左右、前后移动。

42.丢星:指 GPS 失去信号,在 GPS 模式下无人机会失控。

43.舵机:是遥控模型控制动作的执行机构。

44.发射:无人机从地面飞向空中的方法。

45.发射机:用于将命令传输到无人机。

46.返航点:是指一发失效后,用剩余油量返回出发地最远距离的检查点。

47.范围:无人机在一次任务中可以飞行的线性距离。

48.方向舵:管理方向的螺距舵。

49.防撞:能够看到、感知或检测空中交通或其他危险并采取行动以防止碰撞的能力。

50.放电:电池或蓄电器释放电能。

51.飞行时间:无人机飞行的时间。查看无人机规格时,通常是最长时间。在计划任务时,这是完成任务所需的时间。

52.飞控:飞行控制系统。

53.副翼:无人机侧飞。

54.覆盖区域:无人机在飞行过程中可以覆盖的面积。对于许多无人机,这会根据有效负载配置而改变。

55.高清图传:数字化的图像信号经信源编码和信道编码,通过数字信道(电缆、微波、卫星和光纤等)传输,或通过数字存储、记录装置存储的过程。数字信号在传输中的最大特点是可以多次再生恢复而不降低质量,还具有易于处理、调度灵活、高质量、高可靠、维护方便等优于模拟传输的其他特点。

56.光谱带:带状分子光谱。由于分子中除电子在各能级之间跳动外,尚有原子在自身平衡位置振动从而形成带状光谱。

57.光学分辨率:光学传感器提供的分辨率。

58.果冻:无人机在航拍时,机身和云台的抖动导致视频画面卡顿,像果冻一样震动。

59.过充:正常充电完毕后,继续高电压充电,使正极残余的锂离子继续向负极转移,但负极无法嵌入更多锂离子,使锂离子在负极表面以金属锂析出,出现枝晶等现象,造成隔离膜破损、电池短路、电解液泄露燃烧等危险。

60.过放:电池正常放电至截止电压后,继续放电。由于负极中需要保持一定的锂离子才能保持结构的稳定,过放使更多的锂离子迁出,破坏了负极的稳定结构,造成负极不可逆的损坏。

61.航点:在飞行计划期间将特定位置编程到 GPS 中,以使无人机能够自行跟踪航路点,从而实现自主飞行。

62.回中:遥控杆回中。

63.机架:是指无人机的承载平台,所有设备都是用机架承载起飞。

64.机头锁定:方向锁定。

65.基本感度:飞机抵御其他因素干扰保持悬停反应的快慢。

66.激光雷达:用来光检测和测距。LiDAR 有效载荷使用光(通常通过使用脉冲激光)来测量到地面的距离。LiDAR 有效载荷通常使用非常快速脉冲的激光阵列来收集大量数据点。这些数据点将与为 LiDAR 系统的位置而收集的数据一起处理以构建 3D 模型。

67.加速度计:一种用于感测和测量三维加速度的装置,主要用于帮助稳定无人机。通常这些装置都是内置在飞行计算机中的。

68.接收机:接收控制设备信号。

69.禁飞区:国家限制的飞行地方,不允许任何无人机飞行。

70.空中停车:一般是指无人机在空中飞行时,电机停止转动。

71.锂电:锂聚合物电池。与类似尺寸的锂离子电池相比,这些电池通常可以快速提供大量电能,但会以牺牲效率为代价。这种电池的寿命通常比锂离子电池低,适用于高功率活动或对效率要求不高的系统。

72.锂离子:锂离子电池。通常比锂电池效率更高,但电量更少。这种电池在低功耗时非常有用。这种电池也比其他电池更容易燃烧,因此通常为这些电池配备保护电路,以保护它们免受危险情况的影响。

73.螺距:桨叶在均匀介质中旋转一周螺旋桨所前进的距离。

74.螺旋桨:指靠桨叶在空气中旋转,将发动机转动功率转化为推进力的装置。

75.模拟图传:模拟图像传送是指对时间(包括空间)和幅度连续变化的模拟图像信号做信源和信道处理,通过模拟信道传输或通过模拟记录装置实现存储的过程。一般用扫描拾取图像信息和压缩频带等信源处理方法得到图像基带信号,再用预均衡、调制等信道处理方法形成图像通带信号。

76.蘑菇头:图传设备的天线。

77.平衡充:平衡充电是所有锂电池组所需要的充电方式,但是很多小功率电池在应用中实际是没有平衡充电的,如大多数的笔记本电脑电池组,这样做实际上对电池寿命的影响是相当大的。

78.热分辨率:由热传感器提供的分辨率。

79.三叶草:图传设备的天线。

80.三轴云台:用于三脚架,可以活动,三轴就是 X,Y,Z 这 3 个轴,相机围绕这 3 个轴转动。

81.上升气流:地面空气向上流动,这个地方就是上升气流。

82.射桨:在无人机起飞前,螺旋桨的安装不正确,或者是螺旋桨的设计有问题,导致螺旋桨损坏或脱离电机。

83.升降舵:上升或下降的是螺距舵。

84.失控返航:无人机失去控制自动返航。

85.视频输出分辨率:有效负载将在输出数据中显示的最佳细节的度量;数字越大,细节越精细。

86.视线:操作员可以在无眼镜的情况下看到无人机并知道其方向的任何飞行。

87.刷锅:环绕一个中心点做环绕飞行。

88.四面悬停:对尾、对左、对右、对头四面定点悬停。

89.伺服:旋转或线性致动器,可精确控制角度或线性位置。通常,在无人机中使用伺服器来调节控制面;对于气动无人机而言,使用节气门位置进行控制。

90.通道:表示几个信号模式,一个通道对应一个信号,这个信号可以让飞行器做出相应的动作。比如遥控器只能控制四轴上下飞,那么就是 1 个通道。用最常见的四轴无人机来举例,四轴在控制过程中需要控制的动作路数有上下、左右、前后、旋转,所以最好是 4 通道以上遥控器。

91.陀螺仪:一种在飞行过程中协助无人机维持参考方向的装置。

92.兴趣点环绕:设定一点,无人机按设定的高度、速度进行环绕。

93.修舵:调整舵机方位。

94.巡航速度:无人机在飞行巡航阶段的行驶速度。

95.遥测设备:遥测设备可以监控无人机的状态和健康状况。

96.遥控器:遥控无人机的装置。

97.翼展:完全组装并准备飞行时,机翼的翼尖到翼尖的距离。

98.油门:控制升降或速度。

99.有效载荷:要添加到无人机的所有选项,用于以特定方式收集数据。例如,相机可以提供光学数据,而热像仪可以提供热数据。

100.云台:与有效载荷选件一起使用的附件,用于稳定摄像机和传感器,以获得更好的数据,或在操作过程中将有效载荷指向不同的方向。

101.折叠桨:可以折叠的螺旋桨。

102.主控:主控芯片是主板或者硬盘的核心组成部分,是联系各个设备之间的桥梁,也是控制设备运行工作的“大脑”。

103.姿态感度:遥控打舵时飞机反应的快慢。

104.自动找平:使无人机能够自动在均匀飞行中行驶。

105.自主飞行:无须人工干预即可完成系统运行的飞行。

106.最大风:无人机可以使用的最大风速,适用于阵风或持续风的情况,通常由制造商指定。

107.最大起飞重量:无人机可以安全起飞并完成任务的最大重量。

附录 2 Pix4D 质量报告中英文对照

Pix4Dmapper——专业的无人机测绘和摄影测量软件,可从无人机、手持设备或飞机拍摄的影像,生成高精度、带地理坐标的二维地图和三维模型,可快速生成各种可自定义成果,并与众多软件兼容;从图像采集到项目处理再到数据分析各项流程较为专业。但是由于 Pix4D 生成的质量报告为英文,不方便阅读,现将完整的 Pix4D 质量报告翻译成中文,方便查阅。

1. 提示

英文

> ① **Important**: Click on the different icons for:
>
> ② Help to analyze the results in the Quality Report
>
> ① Additional information about the sections

> ○ Click here for additional tips to analyze the Quality Report

中文

> ① **重要提示:点击以下不同图标获得更多信息**
>
> ② 辅助分析质量报告中的结果
>
> ① 有关这些部分的其他信息

> ○ 点击此处获取分析质量报告的其他提示

2. 摘要

英文

Summary ①

Project	123456
Processed	2018-12-29 15:42:38
Average Ground Sampling Distance (GSD)	4.87 cm / 1.92 in
Area Covered	0.3693 km^2 / 36.9259 ha / 0.1426 sq. mi. / 91.293 acres

中文

摘要 ①

项目名称	123456
处理时间	2018-12-29 15:42:38
平均地面采样距离	4.87 cm / 1.92 in
覆盖范围	0.3693 km^2 / 36.9259 ha / 0.1426 sq. mi. / 91.293 acres

3. 质量检查

英文

Quality Check

? Images	median of 23833 keypoints per image	✓
? Dataset	153 out of 153 images calibrated (100%), all images enabled	✓
? Camera Optimization	0.02% relative difference between initial and optimized internal camera parameters	✓
? Matching	median of 8761.04 matches per calibrated image	✓
? Georeferencing	yes, 5 GCPs (5 3D), mean RMS error = 0.004 m	✓

中文

质量检查

? 图像	每张影像特征点数量中位数为23833个	✓
? 数据集	153张影像中153张已校准（100%），所有影像已启用	✓
? 相机优化	初始和优化的内部相机参数之间的相对差异为0.02%	✓
? 匹配	每个校准图像中的匹配的特征点中位数为8761.04个	✓
? 地理参考	具有地面控制点，5个控制点（其中5个3D控制点），平均均方根误差=0.004 m	✓

4. 预览

英文

? Preview

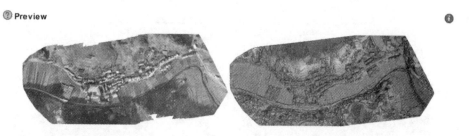

Figure 2 – 1:Orthomosaic the corresponding sparse Digital Surface Model(DSM)before densification

中文

? 预览

附图 2-1　正摄影像图（DOM）和相应的加密处理前的稀疏数字表机模型（DSM）

5.校准细节

英文

Calibration Details ⓘ

Number of Calibrated Images	153 out of 153
Number of Geolocated Images	153 out of 153

中文

校准细节 ⓘ

已校准影像数量	153 out of 153
具有地理定位影像的数量	153 out of 153

6.初始影像位置

英文

⑦ Initial Image Positions ⓘ

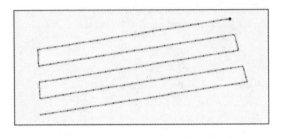

Figure 2 - 2   Top viel of the inltial image position. The green line follows the
position of the images in time starting from the targe blue dot

中文

⑦ 初始影像位置 ⓘ

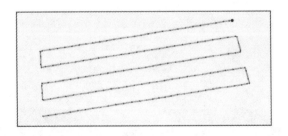

附图 2 - 2   影像初始位置俯视图,蓝色点表示影像位置,绿色线随影像位置按照顺序连接

7.三项点位

英文

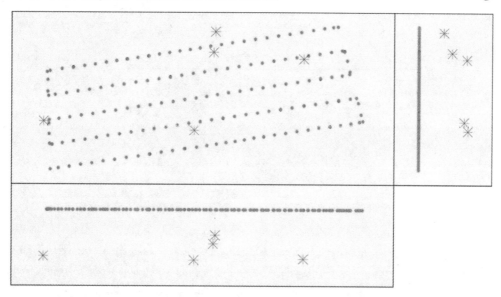

Figure 2 - 3　Offset be tween initlal(blue dofs)and computed(green dots)image positions as well as the offsef between th GCP initial po itions(blue crasses)and their computed positlons(green crosses)in the topview(XY plane),frontview(XZ plane),and side view(YZ plane).

中文

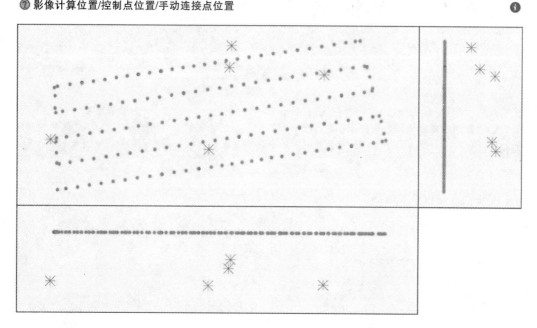

附图 2 - 3　影像初始位置(蓝点)与计算位置(绿点)之间的偏移以及控制点初始位置 (蓝色十字)与计算位置(绿色十字)的偏移的俯视图(XY 平面)、前视图(XZ 平面)、侧视图(YZ 平面) ［深绿色椭圆表示区域光束法平差结果的绝对位置不确定度(500 倍放大)］

8. 重叠率
英文

⑦ Overlap   ⓘ

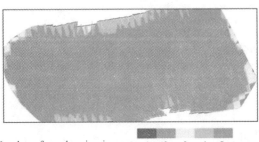

Number of overlapping images: 1   2   3   4   5+

Figure 2-4   Number of overlapping images computed for each pixel of the orthomosaic. Red and yellow areas indicate low overtap for which poor results may be generated. Green areas indicate an overlap of over 5 images for every pixel Grod quality results will be generated as long as the number of keypoint matches is also sufficlent for these areas.

中文

⑦ 重叠率   ⓘ

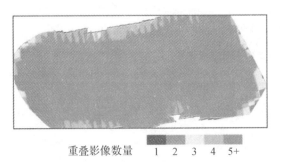

重叠影像数量   1   2   3   4   5+

图 2-4   针对正摄影像每个像素计算的重叠影像的数量。红色和黄色区域表示低重叠,可能会生成低质量的成果。绿色区域表示每个像素有超过 5 个影像的重叠。只要这些区域的特征点匹配数量足够,就可以生成高量的成果。

9. 光束法区域网平差细节
英文

Bundle Block Adjustment Details   ⓘ

Number of 2D Keypoint Observations for Bundle Block Adjustment	1339173
Number of 3D Points for Bundle Block Adjustment	408603
Mean Reprojection Error [pixels]	0.150196

中文

光束法区域网平差细节 ⓘ

光束法区域网平差的2D特征点观测数	1339173
光束法区域网平差的3D点数量	408603
平均重投影误差[像素]	0.150196

10. 内部相机参数英文

ⓘ **Internal Camera Parameters**

📷 **FC6310R_8.8_4864x3648(2c074da2a0857d9910e9a7190c533dcb) (RGB). Sensor Dimensions: 12.833 [mm] x 9.625 [mm]** ⓘ

EXIF ID: FC6310R_8.8_4864x3648

	Focal Length	Principal Point x	Principal Point y	R1	R2	R3	T1	T2
Initial Values	3617.360 [pixel] 9.544 [mm]	2435.520 [pixel] 6.426 [mm]	1841.340 [pixel] 4.858 [mm]	0.002	-0.019	0.020	-0.000	0.001
Optimized Values	3618.358 [pixel] 9.547 [mm]	2435.576 [pixel] 6.426 [mm]	1841.326 [pixel] 4.858 [mm]	0.002	-0.019	0.020	-0.000	0.001

The number of Automatic Tie Points (ATPs) per pixel averaged over all images of the camera model is color coded between black and white. White indicates that, in average, more than 16 ATPs are extracted at this pixel location. Black indicates that, in average, 0 ATP has been extracted at this pixel location. Click on the image to the see the average direction and magnitude of the reprojection error for each pixel. Note that the vectors are scaled for better visualization.

中文

ⓘ 内部相机参数

📷 **FC6310R_8.8_4864x3648(2c074da2a0857d9910e9a7190c533dcb) (RGB).** 传感器尺寸：**12.833 [mm] x 9.625 [mm]** ⓘ

EXIF ID: FC6310R_8.8_4864x3648

	焦距	像素点主坐标x	像素点主坐标y	R1	R2	R3	T1	T2
初始值	3617.360 [pixel] 9.544 [mm]	2435.520 [pixel] 6.426 [mm]	1841.340 [pixel] 4.858 [mm]	0.002	-0.019	0.020	-0.000	0.001
优化值	3618.358 [pixel] 9.547 [mm]	2435.576 [pixel] 6.426 [mm]	1841.326 [pixel] 4.858 [mm]	0.002	-0.019	0.020	-0.000	0.001

平均当前相机参数模板的所有影像，每个像素的自动连接点（ATPS）数量表示黑色与白色的颜色编码。就平均而言，白色表示在当前像素提取了超过16个自动连接点，黑色表示在当前像素位置提取了0个自动连接点。单击影像可以查看每个像素的平均方向和大小的重投影误差。需要注意的是，为了更好的显示，这些矢量进行了缩放，比例尺是表示一个像素的误差大小。

11. 2D 特点

英文

⑦ **2D Keypoints Table**   ⓘ

	Number of 2D Keypoints per Image	Number of Matched 2D Keypoints per Image
Median	23833	8761
Min	22230	2239
Max	24883	16392
Mean	23751	8753

中文

⑦ **2D特征点列表**   ⓘ

	每张影像2D特征点数量	每张影像匹配的2D特征点数量
中位数	23833	8761
最小数	22230	2239
最大数	24883	16392
平均值	23751	8753

12. 3D 特征点.

英文

⑦ **3D Points from 2D Keypoint Matches**   ⓘ

	Number of 3D Points Observed
In 2 Images	241482
In 3 Images	68324
In 4 Images	33097
In 5 Images	19052
In 6 Images	12493
In 7 Images	8565
In 8 Images	6089
In 9 Images	4491
In 10 Images	3469
In 11 Images	2693
In 12 Images	2037
In 13 Images	1552
In 14 Images	1211
In 15 Images	1005
In 16 Images	771
In 17 Images	603
In 18 Images	462
In 19 Images	343
In 20 Images	273
In 21 Images	194
In 22 Images	149
In 23 Images	117
In 24 Images	82
In 25 Images	51
In 26 Images	30
In 27 Images	21
In 28 Images	20
In 29 Images	8
In 30 Images	5
In 31 Images	2
In 32 Images	1
In 34 Images	1

中文

⊚ 2D特征点匹配出的3D点　　　　　　　　　　　　　　⊕

	3D点数量
可在2张影像中观测到	241482
可在3张影像中观测到	68324
可在4张影像中观测到	33097
可在5张影像中观测到	19052
可在6张影像中观测到	12493
可在7张影像中观测到	8565
可在8张影像中观测到	6089
可在9张影像中观测到	4491
可在10张影像中观测到	3469
可在11张影像中观测到	2693
可在12张影像中观测到	2037
可在13张影像中观测到	1552
可在14张影像中观测到	1211
可在15张影像中观测到	1005
可在16张影像中观测到	771
可在17张影像中观测到	603
可在18张影像中观测到	462
可在19张影像中观测到	343
可在20张影像中观测到	273
可在21张影像中观测到	194
可在22张影像中观测到	149
可在23张影像中观测到	117
可在24张影像中观测到	82
可在25张影像中观测到	51
可在26张影像中观测到	30
可在27张影像中观测到	21
可在28张影像中观测到	20
可在29张影像中观测到	8
可在30张影像中观测到	5
可在31张影像中观测到	2
可在32张影像中观测到	1
可在34张影像中观测到	1

13. 2D特征点、匹配

英文

⊚ 2D Keypoint Matches　　　　　　　　　　　　　　⊕

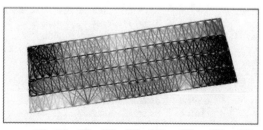

Number of Matched Keypoints

25　222　444　666　888　1111　1333　1555　1777　2000

中文

2D特征点匹配

匹配特征点数量

25 222 444 666 888 1111 1333 1555 1777 2000

图像反应的是计算后的影像位置,每个图像都和有匹配关系的影像连接起来了。连接线的暗度表示图像匹配的2D特征点数量。明亮的连接表示数量较少,需要手动连接点或更多影像。深绿色椭圆表示相对相机位置的光束法区域网平差的结果的不确定度。

14. 地面控制点

英文

Geolocation Details

⊙ Ground Control Points

GCP Name	Accuracy XY/Z [m]	Error X [m]	Error Y [m]	Error Z [m]	Projection Error [pixel]	Verified/Marked
y1 (3D)	0.020/0.020	-0.000	0.000	0.004	0.005	2/2
y3 (3D)	0.020/0.020	0.000	0.002	-0.003	0.010	2/2
y4 (3D)	0.020/0.020	-0.003	0.000	-0.028	0.018	2/2
y6 (3D)	0.020/0.020	0.000	0.000	-0.006	0.001	2/2
y8 (3D)	0.020/0.020	-0.000	-0.000	-0.000	0.014	2/2
Mean [m]		-0.000603	0.000418	-0.006587		
Sigma [m]		0.001297	0.000587	0.011091		
RMS Error [m]		0.001430	0.000721	0.012900		

Localisation accuracy per GCP and mean errors in the three coordinate directions. The last column counts the number of calibrated images where the GCP has been automatically verified vs. manually marked.

中文

地理位置细节

⊙ 地面控制点

控制点名称	平面/高程精度[m]	X误差[m]	Y误差[m]	Z误差[m]	投影误差[m]	验证/标记
y1 (3D)	0.020/0.020	-0.000	0.000	0.004	0.005	2/2
y3 (3D)	0.020/0.020	0.000	0.002	-0.003	0.010	2/2
y4 (3D)	0.020/0.020	-0.003	0.000	-0.028	0.018	2/2
y6 (3D)	0.020/0.020	0.000	0.000	-0.006	0.001	2/2
y8 (3D)	0.020/0.020	-0.000	-0.000	-0.000	0.014	2/2
平均误差[m]		-0.000603	0.000418	-0.006587		
标准差[m]		0.001297	0.000587	0.011091		
均方根误差[m]		0.001430	0.000721	0.012900		

每个控制点的定位精度和在X、Y、Z三个方向的平均误差。最后一列自动计算了控制点自动匹配和手动标记的影像数量。

15. 绝对地理定位方差

英文

⑦ **Absolute Geolocation Variance**　　　　　　　　　　　　　　　　　　　　　　　ⓘ

0 out of 153 geolocated and calibrated images have been labeled as inaccurate.

Min Error [m]	Max Error [m]	Geolocation Error X [%]	Geolocation Error Y [%]	Geolocation Error Z [%]
-	-15.00	0.00	0.00	0.00
-15.00	-12.00	0.00	0.00	0.00
-12.00	-9.00	0.00	0.00	0.00
-9.00	-6.00	0.00	0.00	0.00
-6.00	-3.00	0.00	0.00	0.00
-3.00	0.00	49.02	46.41	43.14
0.00	3.00	50.98	53.59	56.86
3.00	6.00	0.00	0.00	0.00
6.00	9.00	0.00	0.00	0.00
9.00	12.00	0.00	0.00	0.00
12.00	15.00	0.00	0.00	0.00
15.00	-	0.00	0.00	0.00
Mean [m]		-0.002380	-0.012172	-0.051471
Sigma [m]		0.079759	0.037187	0.124555
RMS Error [m]		0.079794	0.039128	0.134771

Min Error and Max Error represent geolocation error intervals between -1.5 and 1.5 times the maximum accuracy of all the images. Columns X, Y, Z show the percentage of images with geolocation errors within the predefined error intervals. The geolocation error is the difference between the initial and computed image positions. Note that the image geolocation errors do not correspond to the accuracy of the observed 3D points.

中文

⑦ **绝对地理定位方差**　　　　　　　　　　　　　　　　　　　　　　　　　　　　ⓘ

153个地理定位和校准图像中的0个被标记为不准确

最小误差	最大误差	X方向地理位置误差百分比	Y方向地理位置误差百分比	Z方向地理位置误差百分比
-	-15.00	0.00	0.00	0.00
-15.00	-12.00	0.00	0.00	0.00
-12.00	-9.00	0.00	0.00	0.00
-9.00	-6.00	0.00	0.00	0.00
-6.00	-3.00	0.00	0.00	0.00
-3.00	0.00	49.02	46.41	43.14
0.00	3.00	50.98	53.59	56.86
3.00	6.00	0.00	0.00	0.00
6.00	9.00	0.00	0.00	0.00
9.00	12.00	0.00	0.00	0.00
12.00	15.00	0.00	0.00	0.00
15.00	-	0.00	0.00	0.00
平均误差[m]		-0.002380	-0.012172	-0.051471
标准差[m]		0.079759	0.037187	0.124555
均方根误差[m]		0.079794	0.039128	0.134771

最小误差和最大误差表示在-1.5倍到1.5倍所有影像最大精度之间的地理位置误差。X、Y、Z列表示的是在预定义的误差范围内影像的百分比。地理位置误差是初始影像和计算图像之间的差异。需要注意的是影像地理位置误差和观测到的3D点准确性不对应。

16. 地理位置偏差

英文

Geolocation Bias	X	Y	Z
Translation [m]	-0.002380	-0.012172	-0.051171

Bias between image initial and computed geolocation given in output coordinate system.

中文

地理位置偏差	X	Y	Z
偏移量[m]	-0.002380	-0.012172	-0.051171

图像初始坐标和计算地理坐标在输出坐标系中的偏差。

17. 相对地理定位方差

英文

⑦ **Relative Geolocation Variance**　　　　　　　　　　　ⓘ

Relative Geolocation Error	Images X [%]	Images Y [%]	Images Z [%]
[-1.00, 1.00]	100.00	100.00	100.00
[-2.00, 2.00]	100.00	100.00	100.00
[-3.00, 3.00]	100.00	100.00	100.00
Mean of Geolocation Accuracy [m]	5.000000	5.000000	10.000000
Sigma of Geolocation Accuracy [m]	0.000000	0.000000	0.000000

Images X, Y, Z represent the percentage of images with a relative geolocation error in X, Y, Z.

中文

⑦ 相对地理定位方差　　　　　　　　　　　　　　　　ⓘ

相对地理定位误差	影像X百分比	影像Y百分比	影像Z百分比
[-1.00, 1.00]	100.00	100.00	100.00
[-2.00, 2.00]	100.00	100.00	100.00
[-3.00, 3.00]	100.00	100.00	100.00
地理位置精度平均值[m]	5.000000	5.000000	10.000000
地理位置精度标准差[m]	0.000000	0.000000	0.000000

影像X、Y、Z表示在X、Y、Z中存在相对地理定位误差的百分比。

18. 处理选项

英文

Processing Options　　　　　　　　　　　　　　　　ⓘ

Hardware	CPU: Intel(R) Core(TM) i3-6100 CPU @ 3.70GHz RAM: 4GB GPU: Intel(R) HD Graphics 530 (Driver: 20.19.15.4474), RDPDD Chained DD (Driver: unknown), RDP Encoder Mirror Driver (Driver: unknown), RDP Reflector Display Driver (Driver: unknown)
Operating System	Windows 7 Ultimate, 64-bit
Camera Model Name	FC6310R_8.8_4864x3648(2c074da2a0857d9910e9a7190c533dcb) (RGB)
Image Coordinate System	WGS84 (egm96)
Ground Control Point (GCP) Coordinate System	CGCS2000 / 3-degree Gauss-Kruger CM 108E
Output Coordinate System	CGCS2000 / 3-degree Gauss-Kruger CM 108E
Keypoints Image Scale	Full, Image Scale: 1
Advanced: Matching Image Pairs	Aerial Grid or Corridor
Advanced: Matching Strategy	Use Geometrically Verified Matching: no
Advanced: Keypoint Extraction	Targeted Number of Keypoints: Automatic
Advanced: Calibration	Calibration Method: Standard, Internal Parameters Optimization: All, External Parameters Optimization: All, Rematch: yes

中文

处理选项

硬件配置	CPU: Intel(R) Core(TM) i3-6100 CPU @ 3.70GHz RAM: 4GB GPU: Intel(R) HD Graphics 530 (Driver: 20.19.15.4474), RDPDD Chained DD (Driver: unknown), RDP Encoder Mirror Driver (Driver: unknown), RDP Reflector Display Driver (Driver: unknown)
操作系统	Windows 7 Ultimate, 64-bit
相机型号名称	FC6310R_8.8_4864x3648(2c074da2a0857d9910e9a7190c533dcb) (RGB)
影像坐标系	WGS84 (egm96)
地面控制点坐标系	CGCS2000 / 3-degree Gauss-Kruger CM 108E
输出坐标系	CGCS2000 / 3-degree Gauss-Kruger CM 108E
特征点图像比例	Full, Image Scale: 1
高级：匹配对图像	Aerial Grid or Corridor
高级：匹配策略	Use Geometrically Verified Matching: no
高级：特征点数量	Targeted Number of Keypoints: Automatic
高级：校准	Calibration Method: Standard, Internal Parameters Optimization: All, External Parameters Optimization: All, Rematch: yes

附录 3　ContextCapture 倾斜摄影建模空三质量报告解读

ContextCapture(Smart3D)倾斜摄影建模软件空三结束后会生成英文版的空三质量报告,这份质量报告也就相当于项目的“诊断书”。生成的质量报告为英文,不方便阅读,现将完整的空三质量报告翻译成中文,并进行解读,方便查阅。

空三质量报告分 5 部分:项目概述、相机参数标定、照片位置、照片匹配、像控点(检查点)概述。

1. 项目概述

空三质量报告封面如附图 3-1 所示,项目概况表截图如附图 3-2 所示。

QUALITY REPORT

Contents	目录
Project Summary	工程摘要
Camera Calibration	相机校正
Photo Positions	照片位置
Photo Matching	照片匹配
Surveys	调查
Control Points	像控点

附图　3-1

Project Summary

Project:	xiaojinniu	项目名称
Number of photos:	1164	照片数量
Ground coverage:	0.979 square kilometers	覆盖范围
Average ground resolution:	18.9428 mm/pixel	平均地面分辨率
Scale:	1 : 57	比例
Camera model(s):	Unknown camera model	相机型号
Processing date:	2019/3/20 15:03	处理日期
Processing time:	9min 48s	处理所用时间

Quality Overview　空三质量概述

Dataset:	1164 of 1164 photos calibrated (100%)	参与空三的照片数量
Keypoints:	Median of 37998 keypoints per image	照片特征点的中位数
Tie points:	214246 points, with a median of 840 points per photo	连接点数量
Reprojection error (RMS):	0.68 pixels	投影误差
Positioning / scaling:	Georeferenced using control points	使用像控点的地理坐标

附图　3-2

2. 相机参数标定

附图 3-3 为质量报告中相机参数标定界面截图。

Camera Calibration 相机标定									
Unknown camera 36.3508mm 6000x4000									
Name:	Unknown camera model								
Model type:	Perspective								
Image dimensions:	6000x4000 pixels								
Sensor size:	23.5 mm								
Number of photos:	387								

Calibration Results　焦距　等效焦距　　像主点X　像主点Y

第一次空三的值	Focal Length [mm]	Focal Length Equivalent 35 mm [mm]	Principal Point X [pixels]	Principal Point Y [pixels]	K1	K2	K3	P1	P2
Previous Values	36.35	55.68	3054.40	1991.63	0.0009	-0.017	0.089	0	0
Optimized Values	36.35	55.69	3054.92	1991.03	-0.0007	0.0033	0.0047	0	0
二次									
Difference Previous / Optimized	0.00	0.01	0.52	-0.60	-0.0016	0.0203	-0.0843	0	0

附图　3-3

3. 照片位置

图像不确定性统计分析如附图 3-4 所示。从照片位置的俯视图(XY)、侧视图(ZY)、前视图(XZ)分析,可以得到在 XYZ 方向上的不确定性的数值大小。

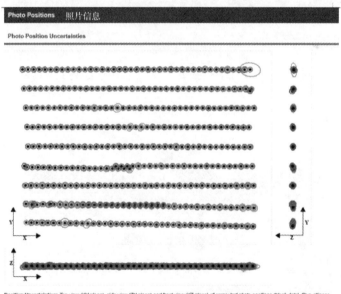

Photo Positions 照片信息

Photo Position Uncertainties

Position Uncertainties: Top view (XY plane), side view (ZY plane) and front view (XZ plane) of computed photo positions (black dots). Blue ellipses indicate the position uncertainty, scaled for readability. The minimum and maximum values, as well as the average value, can be found in the table below.

Position Uncertainties			
	X [meters]	Y [meters]	Z [meters]
Minimum	0.0014	0.0025	0.0022
Mean	0.0055	0.0066	0.0061
Maximum	0.117	0.068	0.0256

附图　3-4

图像位置偏移统计分析如附图 3-5 所示。从照片位置的俯视图（XY）、侧视图（ZY）、前视图（XZ）分析，不同的箭头代表照片位置偏移量的大小，最小距离为 5.66 m，最大值为 14.474 3 m。中间位置距离为 9.942 4 m。

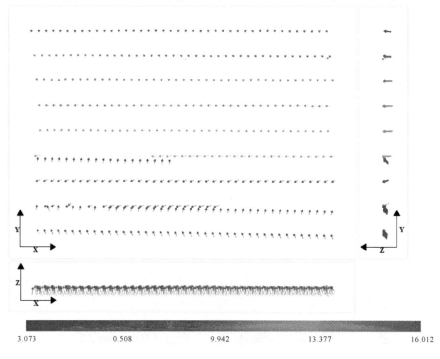

3.073　　　　　　0.508　　　　　　9.942　　　　　　13.377　　　　　　16.012

附图　3-5

储视图显示场景如附图 3-6 所示，俯视图（XY 平面）显示场景，颜色表示可能看到的每张照片的数量区域。

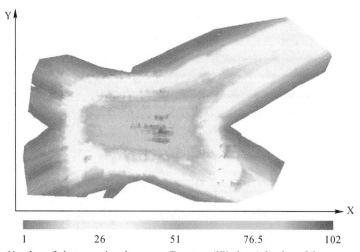

1　　　　26　　　　51　　　　76.5　　　　102

Number of photos seeing the scene: *Top view (XY plane) display of the scene, with colors indicating the number of photos that potentially see each area.*

附图　3-6

4. 照片匹配

质量报告中照片匹配统计情况截图如附图 3 - 7 所示,从图中可以看出连接点的数量、二次投影误差的中位数以及中误差、射线距离的中误差。

Photo Matching 照片匹配

Quality Measures on Tie Points

	Generated Tie Points					
	Number of Points	Median Number of Photos per Point	Median Number of Points per Photo	Median Reprojection Error [pixels]	RMS of Reprojection Error [pixels]	RMS of Distances to Rays [meters]
Previous Values	218484	4	854	0.49	0.67	0.0154
Processed Values	214246	4	840	0.5	0.68	0.0154

附图　3 - 7

位置不确定性如附图 3 - 8 所示。俯视图(XY 平面)、侧视图(ZY 平面)、前视图(XZ 平面)显示所有联络点,颜色表示个别点位置的不确定性。这些值以米为单位,最小不确定度为 0.004 m,最大不确定度为 3.878 m,位置不确定度中值为 0.061 2m。

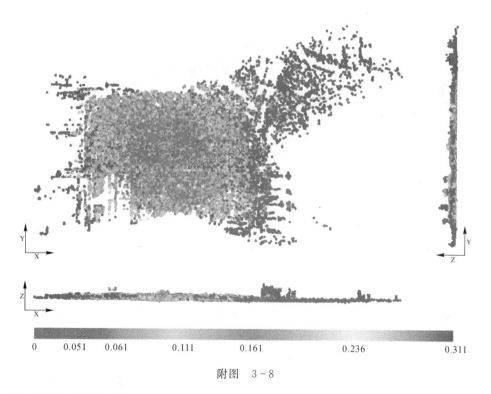

附图　3 - 8

观察点图片数量如附图 3 - 9 所示,从图中可以得到,每个连接点的照片最少 3 张,最多 68 张。观察一个连接点的平均照片数量为 5 张。

Number of Photos Observing the Tie Points

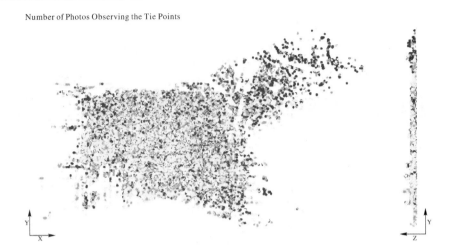

附图 3-9

投影误差如附图 3-10 所示,从图中可以得到,最小重投影误差为 0.01 像素,最大重投影误差为 1.87 像素。平均重投影误差为 0.62 像素。

Reprojection Error

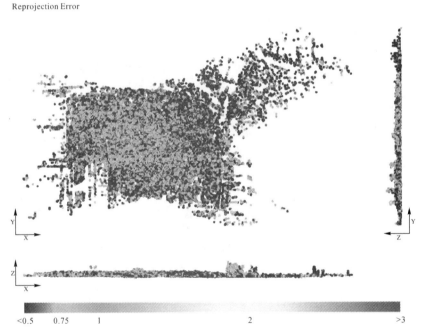

<0.5   0.75   1   2   >3

Reprojection Errors per Tie Point: *Top view (XY plane), side view (ZY plane) and front view (XZ plane) displays of all tie points, with colors representing the reprojection error in pixcels. The minimum reprojection error is 0.01 pixels and the maximum is 1.87 pixels. The average reprojectionerror is 0.62 pixels.*

附图 3-10

图像分辨率如图 3-11 所示,从图中可以得到,最小分辨率为 0.010 3m/像素,最大分辨率为 0.135 1m/像素,中位分辨率为 0.019 1m/像素。

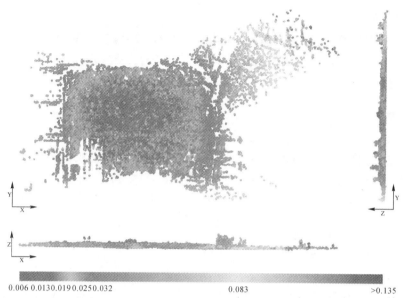

0.006 0.013 0.019 0.025 0.032   0.083   >0.135

Resolution: Top view (XY plane), side view (ZY plane) and front view (XZ plane) displays of all tie points, with colors representing resolution in the indiwidual point position. The values are in meters/pixre/, with a minimum resolution of 0.0103 meters/pixel and a maximum of 0.1351 meters/pixel. The median resolution equals 0.0191 meters/pixel.

附图　3－11

5.像控点(检查点)概述

像控点误差表截图如附图 3－12 所示。

Surveys

Number of control points: 54. No control point is used as check point.

Number of user tie points: 0

Number of positioning constraints: 0

Control Points

				Control Points Errors			平面误差	高程误差	
Name	Category	Accuracy [meters]	Number of Photos	RMS of Reprojection Error [pixels]	RMS of Distances to Rays [meters]	3D Error [meters]	Horizontal Error [meters]	Vertical Error [meters]	
13	3D	Horizontal: 0.01; Vertical: 0.01	15	0.10	0.0014	0.0016	0.0016	0.0004	⊘
14	3D	Horizontal: 0.01; Vertical: 0.01	13	0.12	0.0022	0.0024	0.0016	0.0017	⊘
15	3D	Horizontal: 0.01; Vertical: 0.01	15	0.08	0.0013	0.0011	0.0011	0	⊘
21	3D	Horizontal: 0.01; Vertical: 0.01	10	0.04	0.0015	0.0008	0.0003	-0.0007	⊘
25	3D	Horizontal: 0.01; Vertical: 0.01	8	0.15	0.0024	0.0027	0.0022	-0.0015	⊘
Global RMS				0.1	0.0018	0.0018	0.0015	0.0011	
Median				0.10	0.0015	0.0016	0.0016	0	

附图　3－12

从附图 3－12 可以得到 5 个像控点各自的照片数量,得到了像控点的平面中误差 0.001 5 m 和高程误差0.001 1 m,达到 1∶500 测图标准。

附录4 中国 AOPA 民用无人机驾驶员
考试地面站科目题库（2018 年版）

1. 旋翼考题一

航线要求如附图 4-1 所示：

(1)起飞点(返航点)与考试席位的相对方位由委任代表根据现场环境等情况进行决定。于起飞点前规划一个等边三角形并循环执行,边长为 a,航线相对地面高度为 b,水平速度为 c,垂直速度为 d,转弯方式为停止转弯,停留时间不作要求。

(2)a 值建议为 30 m,b 值建议为 30 m,c 值建议为 3 m/s,d 值建议为 1 m/s(航线方位及各数值可由委任代表按实际情况进行调整,考题以委任代表规定数值为准)。

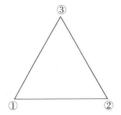

★ 起飞点(返航点)

考试席位

附图 4-1

2. 旋翼考题二

航线要求如附图 4-2 所示：

(1)起飞点(返航点)与考试席位的相对方位由委任代表根据现场环境等情况进行决定。于起飞点前规划一个等腰直角三角形并循环执行,①②边长为 a,③①边长为 b,∠①为直角,航线相对地面高度为 c,水平速度为 d,垂直速度为 e,转弯方式为停止转弯,停留时间不作要求。

(2)a、b 值建议为 30 m,c 值建议为 30 m,d 值建议为 3 m/s,e 值建议为 1 m/s(航线方位及各数值可由委任代表按实际情况进行调整,考题以委任代表规定数值为准)。

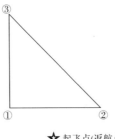

★ 起飞点(返航点)

考试席位

附图 4-2

3. 旋翼考题三

航线要求如附图 4-3 所示：

(1)起飞点(返航点)与考试席位的相对方位由委任代表根据现场环境等情况进行决定。于起飞点前规划一个六边形并循环执行，边长为 a，①②③航点相对地面高度为 b，④⑤⑥航点相对地面高度为 c，水平速度为 d，垂直速度为 e，转弯方式为停止转弯，各点停留时间为 f。

(2) a 值建议为 30 m(误差±3m 以内)，b 值建议为 25 m，c 值建议为 30 m，d 值建议为 2 m/s，e 值建议为 1 m/s，f 值建议为 2 s(航线方位及各数值可由委任代表按实际情况进行调整，考题以委任代表规定数值为准)。

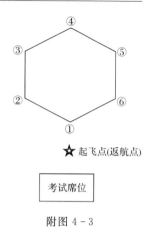

★起飞点(返航点)

考试席位

附图 4-3

4. 旋翼考题四

航线要求如附图 4-4 所示：

(1)起飞点(返航点)与考试席位的相对方位由委任代表根据现场环境等情况进行决定。按图于起飞点前规划扫描航线，航线长度为 a，航线间隔为 b，航线相对地面高度为 c，水平速度为 d，垂直速度为 e，转弯模式为停止转弯，停留时间不作要求。

(2) a 值建议为 30 m(误差±3 m 以内)，b 值建议为 10 m(误差±1 m 以内)，c 值建议为 30 m，d 值建议为 3 m/s，e 值建议为 1 m/s(航线方位及各数值可由委任代表按实际情况进行调整，考题以委任代表规定数值为准)。

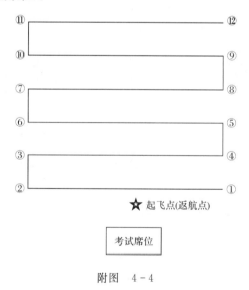

★起飞点(返航点)

考试席位

附图　4-4

5. 旋翼考题五

航线要求如附图 4-5 所示：

(1)起飞点(返航点)与考试席位的相对方位由委任代表根据现场环境等情况进行决定。按图于起飞点前规划一个五边形并循环执行，①②边及②③边的边长为 a，∠②为 90°，航线相对地面高度为 b，水平速度为 c，垂直速度为 d，转弯模式为停止转弯，各点停留时间为 e。

(2)*a* 值建议为 30 m，*b* 值建议为 30 m，*c* 值建议为 3 m/s，*d* 值建议为 1 m/s，*e* 值建议为 2 s(航线方位及各数值可由委任代表按实际情况进行调整，考题以委任代表规定数值为准)。

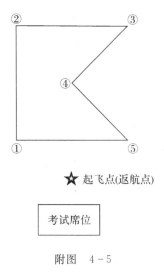

★ 起飞点(返航点)

考试席位

附图 4－5

6. 旋翼考题六

航线要求如附图 4－6 所示：

(1)起飞点(返航点)与考试席位的相对方位由委任代表根据现场环境等情况进行决定。按图于起飞点前规划一个四边形并循环执行，①②边、②③边边长为 *a*，③④边边长为 *b*，∠②＝∠③＝90°，航线相对地面高度为 *c*，水平速度为 *d*，垂直速度为 *e*，转弯模式为停止转弯，停留时间不作要求。

(2)*a* 值建议为 20 m，*b* 值建议为 30 m，*c* 值建议为 30 m，*d* 值建议为 3 m/s，*e* 值建议为 2 m/s(航线方位及各数值可由委任代表按实际情况进行调整，考题以委任代表规定数值为准)。

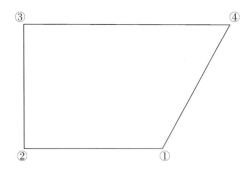

★ 起飞点(返航点)

考试席位

附图 4－6

7. 旋翼考题七

航线要求如附图 4-7 所示：

(1)起飞点(返航点)与考试席位的相对方位由委任代表根据现场环境等情况进行决定。按图于起飞点前规划一个闭合图形并循环执行,各点之间距离不小于 20 m,①点相对地面高度为 a,②点相对地面高度为 b,③点相对地面高度为 c,④点相对地面高度为 d,水平速度为 e,垂直速度为 f,转弯模式为停止转弯,停留时间不作要求。

(2)a 值建议为 20 m,b 值建议为 25 m,c 值建议为 30 m,d 值建议为 25 m,e 值建议为 2 m/s,f 值建议为 1 m/s(航线方位及各数值可由委任代表按实际情况进行调整,考题以委任代表规定数值为准)。

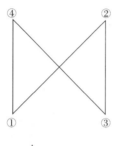

★ 起飞点(返航点)

考试席位

附图　4-7

8. 旋翼考题八

航线要求如附图 4-8 所示：

(1)起飞点(返航点)与考试席位的相对方位由委任代表根据现场环境等情况进行决定。于起飞点前规划一个闭合圆形航线并循环执行,航点数不少于 10 个,直径为 a,航线相对地面高度为 b,水平速度为 c,垂直速度为 d,转弯模式为协调转弯。

(2)a 值建议为 30 m,b 值建议为 30 m,c 值建议为 2 m/s,d 值建议为 1 m/s(航线方位及各数值可由委任代表按实际情况进行调整,考题以委任代表规定数值为准)。

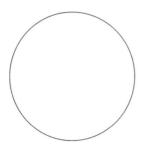

★ 起飞点(返航点)

考试席位

附图　4-8

9. 固定翼考题一

航线要求如附图 4-9 所示：

(1)起飞点(返航点)与考试席位的相对方位由委任代表根据现场环境等情况进行决定。按图于起飞点前规划扫描航线,航线长度为 a,航线间隔为 b,航线相对地面高度为 c。

(2)a 值建议为 200 m(误差±20 m 以内),b 值建议为 80 m(误差±8 m 以内),c 值建议为 150 m(航线方位及各数值可由委任代表按实际情况进行调整,考题以委任代表规定数值为准)。

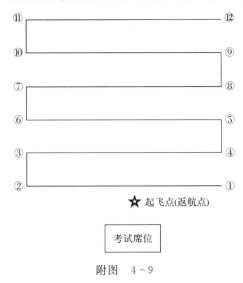

附图 4-9

10. 固定翼考题二

航线要求如附图 4-10 所示：

(1)起飞点(返航点)与考试席位的相对方位由委任代表根据现场环境等情况进行决定。于起飞点前规划一个闭合水平 8 字航线并循环执行,①②边、②③边、③④边、④⑤边、⑤⑥边、⑥⑦边、⑦⑧边边长均为 a,航线相对地面高度为 b。

(2)a 值建议为 200 m(误差以内±20 mm),b 值建议为 150 m(航线方位及各数值可由委任代表按实际情况进行调整,考题以委任代表规定数值为准)。

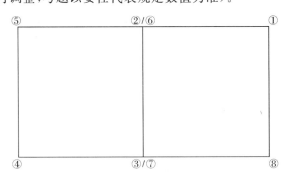

附图 4-10

11. 固定翼考题三

航线要求如附图 4 - 11 所示：

(1)起飞点(返航点)与考试席位的相对方位由委任代表根据现场环境等情况进行决定。按图于起飞点前规划扫描航线，①②、③④、⑨⑩、⑪⑫航线长度为 a，⑤⑥、⑦⑧航线长度为 b，航线间隔为 c，航线相对地面高度为 d。

(2)a 值建议为 200 m(误差±20 m 以内)，b 值建议为 80 m(误差±8 m 以内)，c 值建议为 150 m(航线方位及各数值可由委任代表按实际情况进行调整，考题以委任代表规定数值为准)。

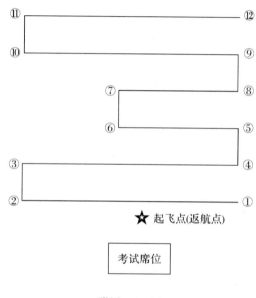

附图　4 - 11

12. 固定翼考题四

航线要求如附图 4 - 12 所示：

(1)起飞点(返航点)与考试席位的相对方位由委任代表根据现场环境等情况进行决定。按图于起飞点前规划一个五边形并循环执行，①②边边长为 a，②③边边长为 b，③④边边长为 c，④⑤边边长为 d，⑤①边边长为 e，$\angle① = \angle⑤ = 90°$，航线相对地面高度为 f。

(2)a 值建议为 150 m(误差±20 m 以内)，b 值建议为 50 m(误差±5 m 以内)，c 值建议为 90 m(误差±10 m 以内)，d 值建议为 75 m(误差±10 m 以内)，e 值建议为 100 m(误差±10 m 以内)，f 值建议为 120 m。(航线方位及各数值可由委任代表按实际情况进行调整，考题以委任代表规定数值为准)。

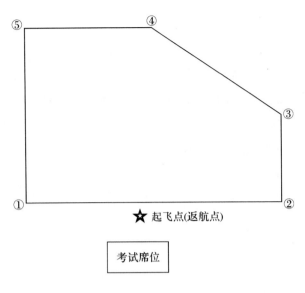

★ 起飞点(返航点)

考试席位

附图 4 - 12

附录 5　无人机作业各类飞行记录表

无人机作业各类飞行记录表见附表 5-1～附表 5-9。

附表 5-1　飞行前准备工作表

序号	项目	要求	明细	处理人员
1	检查各待用工具	1.种类齐全		
		2.实用、可靠		
2	确定须待飞无人机、规划飞行架次和时间	1.待飞机型		
		2.飞行的总架次		
		3.单次和总的飞行时间		
		4.规划飞行航线		
		5.飞行分工		
3	检查待飞无人机完好性	1.按航前检查表检查机体		
		2.检查辅助设备的完好性		
4	准备备份设备	1.尽可能为每样设备备份		
		2.检查备用设备的完好性		
5	工作电脑充电	1.确保电脑处于满电状态		
		2.确保飞行软件可用		
6	准备待用工具	1.根据准备工具表准备		
		2.根据飞行任务选用工具		
		3.确保待用工具的可用性		
7	准备飞行用油	根据飞行时间富余准备		
8	待飞无人机电源充电	1.机载电源(飞控、接收、点火、任务设备等)		
		2.备用电源		
9	预测飞行环境	1.飞行实时气候		
		2.明细的飞行时间		
10	确定飞行场地	预设飞行场地		
11	检查接插件	1.准备需用接插件		
		2.检查各接插件的完好性		
12	准备飞控系统	1.地面站设备		
		2.电台		
		3.其他辅助设备		

附表 5 - 2 飞行任务规划表

机型一		负责人员	
	明细		
子任务 1			
子任务 2			
子任务 3			
子任务 4			
子任务 5			
机型二		负责人员	
	明细		
子任务 1			
子任务 2			
子任务 3			
子任务 4			
子任务 5			
机型三		负责人员	
	明细		
子任务 1			
子任务 2			
子任务 3			
子任务 4			
子任务 5			

审核：

附表 5－3　外场工具设备清单

序号	常用工具	备注	序号	选带工具	备注
1	待飞无人机		1	功放	
2	遥控器		2	显示器	
3	启动器		3	飞行用电脑	
4	启动电		4	电台	
5	飞控电		5	各需用天线	
6	舵机电		6	图传	
7	点火电		7	望远镜	
8	各备用电		8	对讲机	
9	飞行用油		9	测向电台	
10	点火器		10	备用舵机	
11	充电器		11	医疗卫生用品	
12	插排		12	测温计	
13	各种常用胶		13	标记笔	
14	焊接工具		14	毛刷	
15	各种尺寸螺丝刀		15	酒精	
16	常用扳手		16	化油器清洗剂	
17	常用钳子		17	止血钳	
18	热缩管		18	卷尺	
19	打火机		19	转速表	
20	各种刀具		20	各种胶	
21	转接插头		21	螺距尺	
22	加长线		22	备用火花塞	
23	扎带		23	卫生纸	
24	扫频仪		24	电显	
25	偏光镜		25	备用桨	
26	降落伞		26		
27	逆变器		27		
28	风向标		28		
29	油泵		29		

序号	常用工具	备注	序号	选带工具	备注
30	备用油管		30		
31	橡皮筋		31		
32	万用表		32		
33	电显		33		
34	扎丝		34		
35	舵盘		35		
36	各种尺寸螺丝		36		
37	启动杆		37		

备注:以上仅为一些常用外场工具的列表,具体待用工具请根据实际飞行任务选带。

准备人员:　　　　　　　　审核:

附表 5-4　航前检查流程表

序号	名称	明细	状态	处理人员
1	频率扫描	检查方法:用频率扫描仪器和飞行场地周围的航空器核对频率		
2	机载电池电量的检查	1.飞控电源		
		2.舵机电源		
		3.点火电源电压检测		
		4.电台		
		5.任务设备		
		舵机电不低于 4.8 V、飞控电不低于 11.1 V;舵机起飞电压不低于 5.0 V,锂电起飞电压不低于 11.6 V。根据飞行时间适当控制起飞电压		
3	机械及其电子硬件设备的检查	1.电源线是否虚接		
		2.飞机、机身、机翼是否有损坏		
		3.起落架或轮胎是否安装牢固		
		4.螺旋桨螺丝是否松动		
		5.发动机底座螺丝是否上紧		
		6.检查发动机机匣是否有裂痕		
		7.排气管螺丝是否松动等		

序号	名称	明细	状态	处理人员
4	发射机及接收机的检查	1.电量的检查		
		2.内部设定		
		3.接头连接		
		4.频率与发射机相同		
		5.确认接收机功能		
		6.测试遥控距离		
		7.手、自动切换是否正常		
5	引擎及油路检查	1.确认主油针及副油针的正确位置		
		2.确认发动机的油门在高速位置和低速位置正确		
		3.伺服机的中立点和化油器阀门的中立点相同		
		4.油路的加油管、增压管、进油管确认		
		5.加油注意油中不得夹杂杂质		
		6.加油过程注意关闭进油管,注意加油量		
6	伺服机及各舵面检查	1.各舵角舵量及方向的正确性		
		2.固定螺丝是否稳固		
		3.连杆的顺畅与否		
		4.舵角固定物要检查有无脱落现象		
		5.躲角能否轻易地活动		
		6.伺服机座是否稳固,是否适合伺服机的大小,滑行中前轮偏向修正		
7	重心检查	确定飞机重心偏移不超过设计极限		
8	电台通信的检查	1.电台天线是否锁紧,连线是否松动		
		2.电台天线通信是否正常		
9	任务设备的检查	1.任务设备的完好性		
		2.任务设备与飞机的连接		
		3.任务设备的附属设备		
		4.电源情况		
10	飞控系统的检查	1.地面站设备		
		2.飞控辅助设备		
11	各插接件的连接	1.机翼、机体、拉纤等		
		2.电线路间的连接		

附表 5－5　飞行概况表

地点			
现场负责人			
记录		场地维护	
参与人员			
参飞机型			
地面环境			
气候环境			
空域环境			
无线电环境			
到达飞行场地时刻			
离开飞行场地时刻			
有无飞行事故			

审核：

附表 5－6　飞行记录表

机型	操控手		地面站	
架次	架次规划			
01				
起飞时刻		降落时刻		
完成情况				
航前		航后	负责人	
机型	操控手		地面站	
架次	架次规划			
02				
起飞时刻		降落时刻		
完成情况				
航前		航后	负责人	

附表 5-7　飞行间检查流程表

序号	区域	内容	状态/架次					
			1/2	2/3	3/4	4/5	5/6	6/7
1	机体硬件部分	1.电源线是否虚接						
		2.机身、机翼、尾翼是否有损坏						
		3.起落架或轮胎是否安装牢固						
		4.螺旋桨螺丝是否松动						
		5.发动机、电机是否固定牢靠						
		6.机体各部分连接是否可靠						
		7.排气管螺丝是否松动						
		8.其他部分						
2	任务设备部分	1.设备是否完好可用						
		2.线路连接是否可靠						
		3.是否固定牢靠						
3	电源部分	1.舵机电						
		2.点火电						
		3.飞控电						
		4.电台电						
		5.任务设备电						
		6.发射机电源						
		7.电脑电源						
4	燃油部分	1.油量						
		2.油路是否通畅						
5	飞控及电台部分	1.地面站连接						
		2.电台连接						
		3.电脑是否可用						
6	电子设备部分	1.舵机是否固定、连接牢靠						
		2.电调是否固定、连接好						
		3.其他电子设备是否连接好						
		4.各电子设备是否有损伤						
7	外部环境影响	1.是否有外来无线电干扰						
		2.空域是否安全						
		3.起降场地是否可用						
		4.其他						

附表 5-8 航后检查及基本维护表

序号	类型	明细	状态	处理人员
1	电量	1.飞控电		
		2.接收电		
		3.点火电		
		4.发射电		
		5.其他		
2	机械及电子硬件设备的检查	1.电源线是否虚接		
		2.飞机、机身、机翼是否有损坏		
		3.起落架或轮胎是否安装牢固		
		4.螺旋桨螺丝是否松动		
		5.发动机底座螺丝是否上紧		
		6.发动机机匣是否有裂痕		
		7.排气管螺丝是否松动等		
3	伺服机及各舵面检查	1.各舵角舵量及方向的正确性		
		2.固定螺丝是否稳固		
		3.连杆的顺畅与否		
		4.舵角固定物要检查有无脱落现象		
		5.舵角能否轻易地活动		
		6.伺服机座是否稳固,是否适合伺服机的大小,滑行中前轮偏向修正情况		
4	工具设备检查	1.工具清点		
		2.设备清点		
		3.现场恢复		
5	检查后未处理的问题			

附表 5 - 9　飞行总结表

整体意见	
飞行结果	
备注	

附录6　无人机申请空域相关规定及流程

1.空域申请归口管理部门

若使用无人机进行航空摄影、遥感探物或商业飞行,需在战区空军办理空域审批手续,再进行飞行计划申请相关事宜。

2.申请空域相关材料

某地区办理通用航空公司任务审批所需材料如下:

(1)公司运营执照;

(2)航空适航资质(涉及对地观测地需要航测资质);

(3)人员执照(民航局颁发的与飞行任务适配机型的飞行执照);

(4)任务委托书或合同,任务单位其他相关材料;

(5)任务申请书(内容包括飞行单位、航空器型号与性能参数、架次、航空器注册地、呼号、机组人员及其国籍、主要人员名单、申请原因、申请事项、任务性质、作业时间、作业范围、起降点、飞行区域、空域进出点、预计飞行开始和结束时间、机载监视设备类型、联系人、联系方式等);

(6)公司其他相关资质证明。

如果任务性质涉及以下方面,需提供相关批准文件或许可证明:

(1)外国航空器或外国人使用我国航空器,则需有总参谋部批准文件;

(2)航空摄影、遥感、物探,则需大军区以上机关批准文件;

(3)体育类飞行器,则需地市级以上体育部门许可证明;

(4)大型群众性、空中广告宣传活动,则需当地公安机关许可证明;

(5)无人机飞行、自由气球、系留气球,则需地市级以上气象部门许可证明。

3.航空任务审批及飞行计划处置一般流程

(1)获取飞行任务以及任务委托书;

(2)提前7天携带相关文件、材料在任务执行所在地空军部队司令(航管)部办理审批手续;

(3)携带相应文件材料在任务执行所在地民航监管局运输处、民航空航管处办理相关手续;

(4)携带获批复印件以及相应的文件材料在任务执行所在地民空管分局管制运行部办理相关手续;

(5)与任务执行所在地民航空管分局鉴定飞行管制保障协议(或召开飞行协调会);

(6)实施日前一天15时前向任务执行所在地空管部门提交飞行计划,如果不在机场管制范围内可直接向民航空管分局管制运行部区域管制室提交,在飞行实施前1小时提出申请;

(7)区域管制室向当地空军部队司令部航空管制中心提交飞行申请;

(8)当地空军部队司令部航空管制中心给予调配意见。

4.无人机申请空域法律依据

《通用航空飞行管理条例》是认机申请空域的法律依据,相关内容如下。

第十五条，使用机场飞行空域、航路、航线进行通用航空飞行活动，其飞行计划申请由当地飞行管制部门批准或者由当地飞行管制部门报经上级飞行管制部门批准。使用临时飞行空域、临时航线进行通用航空飞行活动，其飞行计划申请按照下列规定的权限批准：

(1)在机场区域内的，由负责该机场飞行管制的部门批准；

(2)超出机场区域在飞行管制分区内的，由负责该分区飞行管制的部门批准；

(3)超出飞行管制分区在飞行管制区内的，由负责该区域飞行管制的部门批准；

(4)超出飞行管制区的，由中国人民解放军空军批准。

第十六条，飞行计划申请应当在拟飞行前1天15时前提出；飞行管制部门应当在拟飞行前1天21时前作出批准或者不予批准的决定，并通知申请人。执行紧急救护、抢险救灾、人工影响天气或者其他紧急任务的，可以提出临时飞行计划申请。临时飞行计划申请最迟应当在拟飞行1小时前提出；飞行管制部门应当在拟起飞时刻15分钟前作出批准或者不予批准的决定，并通知申请人。

第十七条，在划设的临时飞行空域内实施通用航空飞行活动的，可以在申请划设临时飞行空域时一并提出15天以内的短期飞行计划申请，不再逐日申请，但是每日飞行开始前和结束后，应当及时报告飞行管制部门。

第十八条，使用临时航线转场飞行的，其飞行计划申请应当在拟飞行2天前向当地飞行管制部门提出；飞行管制部门应当在拟飞行前1天18时前作出批准或者不予批准的决定，并通知申请人，同时按照规定通报有关单位。

第十九条，飞行管制部门对违反飞行管制规定的航空器，可以根据情况责令改正或者停止其飞行。

5. 全国部分 31 个省区市无人机空域申报流程

2017 年以来，国务院、中央军委空中交通管制委员会、公安部等部门连续制定了多条有关无人机的管理规定。民航局于 2017 年 5 月 16 日下发《民用无人驾驶航空器实名制登记管理规定》，要求自 2017 年 6 月 1 日起，民用无人机的拥有者必须进行实名登记。

可以看出，我国对于无人机的监管制度正在逐步完善，但如何在不同的省市区获得合法飞行资格让许多在航拍、植保、测绘及其它不同领域进行作业的飞手感到十分困惑。为了给飞手提供一些指引，现将互联网上全国各省市无人机监管现状及飞行申报流程进行了整理，以供参考。

根据媒体的开报道，进行如下不完全统计，目前，四川、重庆、福建、云南、北京、天津、河北、新疆、广东、吉林、江苏、陕西等 12 个省市区陆续出台了无人机相关的禁飞、限飞命令或通告；另外有深圳、石家庄、月牙泉、武汉、黄山、大连、柳州、扬州、泰州、桂林、泉州、东莞、常德、齐齐哈尔、无锡等多个城市也在行者区域内禁限飞，或者在机场周边划出了大面积的净空保护区。

在无人机的监管方面，目前国内各省市区大致可分为如下 4 类：

(1)对于无人机申报管理有相当完善的政策与登记系统的省市区有：香港特别行政区、澳门特别行政区；

(2)有具体政策出台，各相关部门分工明确的省市区有：江苏省、广东省、江西省、重庆市、四川省、陕西省和黑龙江省；

(3)通过多方面咨询能了解大概流程，但没有明确政策，各部门没有明确分工的省市区有：北京市、天津市、上海市、浙江省、河南省、河北省、吉林省、宁夏回族自治区、辽宁省、甘肃省、山

东省、安徽省、福建省、广西壮族自治区、海南省、湖北省、内蒙古自治区、新疆维吾尔自治区、贵州省和西藏自治区;

(4)暂时没有相关管理规定或无从得知相关信息的省市区有:湖南省、青海省、台湾省、云南省和山西省。

以下为各省区市详细信息,未尽之处,欢迎补充交流。

(1)北京。北京市北空司令部航管处早在 2015 年 11 月就发布了《关于重申无人驾驶航空器飞行计划申请的函》,函中明确规定了单位或个人申报无人机的办理流程。

1)所需材料:

①飞行计划申请,内容包括:单位、无人驾驶航空器型号、架数、使用的机场或临时起降点、任务性质、飞行区域、飞行高度、飞行日期、预计开始和结束时刻、现场保障人员联系方式

②飞行资质证明。

③飞手资格证书。

④任务委托合同。

⑤任务单位其它相关材料(如被拍摄物体产权单位的拍摄许可)。

⑥空域申请书内容包括:申请原因、申请事项、委托方、航空器信息、飞行时间、飞行地点、任务性质。

⑦公司相关资质证明。

2)申报流程:

a.飞行申请。使用无人驾驶航空器进行航空摄影或遥感物探飞行时,应在中部战区空军办理对地成像审批手续,再进行飞行计划申请相关事宜。

在机场附近飞行需携带所需材料①②③向民航华北地区管理局提出申请。审批成功后到当地派出所备案;在机场以外区域飞行需携带所需材料①②③向中部战区军区提出申请,由军区出具的《飞行任务申请审批》红头文件将自动抄送北京市公安局,北京市公安局将根据空军批文,向任务单位索要所需材料④⑤。任务单位负责人到属地派出所与民警面谈、做笔录,多方在笔录上按红手印。整个飞行过程都由属地派出所派警官跟随。

b.空域申请。携带所需材料⑥⑦到北空航管中心申请空域。

3)对接单位:

• 中部战区空军地址:西山八大处。

• 民航华北地区管理局地址:北京首都机场。

电话:010 - 64592614

• 北京空管办地址:东三环中路 12 号。

电话:010 - 64092682

• 北京市公安局地址:前东大街号。

电话:010 - 852150

• 北空航管中心地址:首都机场辅路 200 号。

电话:010 - 51381284

4)注意事项:北京市目前暂未开放娱乐性飞行空域,所有申请须有具体的任务。

(2)上海。上海目前有两个收费的飞场已经申请了开放空域,分别是天马航模俱乐部和佘山地区 UTC 分校的飞场。上海市的禁飞区有:机场附近、外滩、陆家嘴和迪斯尼乐园等地。

申报飞行流程如下：

1)所需材料：

①空域申请书。内容包括：飞行时间、飞行地点、飞行高度、飞行范围(半径)。

②飞行资质证明。

③飞手资格证书。

④公司相关资质证明。

⑤无人机比赛竞技类活动承办申请。

⑥旅游局提供的外籍人员签证等证明。

2)申报流程：携带准备材料①②③④到到东部战区空军航管部提出空域申请。

注：如果是航拍任务，申请好空域就可以飞了；如果是其它任务，在空域申请成功后还需到上海市公安厅备案；申请无人机比赛竞技类活动，还需携带准备材料②③④⑤到国家体育总局报批行事审批；审批流程为：提交承办申请；双方进行谈判会；体育总局进行资质审核(如果有外籍人员，需准备材料⑥)。

3)对接单位：

·东部战区空军航管部。

地址：南京市珠江路

·上海市公安厅。

地址：武宁南路 128 号。

电话：021 - 62310110

·国家体育总局。

地址：东城区体育馆路 2 号。

电话：021 - 67051859

·民航华东地区管理局。

地址：上海市迎宾二路 300 号。

电话：021 - 22321340

(3)广东。2017 年 6 月 23 日，广东省公安厅发布《关于加强无人机等"低慢小"飞行物安全管理的通告》来规范无人机的飞行。

广东省的禁飞区有：机场净空保护区(机场跑道中心线两侧各 10 公里、跑道两端各 20 公里范围)以及民航航路、航线，高速和普通铁路、公路以及水上等交通工具运行沿线、区域；党政机关、军事管制区、通信、供水、供电、能源供给、危化物品贮存、大型物资储备、监管场所等重点敏感单位、部位及其设施；大型活动场所、公民聚居区、车站、码头、港口、广场、公园、景点、商圈学校、医院等人员密集区域；

1)申报流程：在民航局网站 http://www.caac.gov.cn 进行实名登记实名登记，并将邮箱接收到的二维码打印粘贴到无人机的关键部位；无人机的所有者在居住地的派出所进行登记备案；前往广东空管局，申请飞行任务。

2)对接单位：

·民航中南地区管理局办公室。

地址：广东省广州市白云区云霄路 163 号民航中南地区管理局办公室。

电话：020 - 86122544、020 - 86124135

• 广东空管局。

地址：广东省广州市云霄路 163 号。

电话：020 - 86131906

• 广东省公安厅。

地址：广州市黄华路 97 号。

电话：020 - 83832980

• 西南空中交通管理局。

地址：四川省成都市双流国际机场。

电话：028 - 85703646、028 - 85702012

• 民航广东监管局运输处。

电话：020 - 86137526

• 民航深圳监管局运输处。

传真：0755 - 27773832

(4) 天津。

1) 所需材料：

① 飞行目的说明。

② 飞行时间。

③ 飞行地区：把所需飞行的地方用三个以上的坐标点圈出来，然后把坐标点提交当地空军空管处。

④ 飞机机型：基本参数和外观照片。

⑤ 飞行人员：附飞手的资质证明。

⑥ 公司三证：营业执照、组织机构代码、税务登记证并加盖公章。

2) 申报流程：带着准备材料①②③④⑤⑥去当地空军管制处提交申请件，请当地空军管制处审批，并且查看有无敏感区域。确定该区域没有问题。把申请件资料准备好，把申请件提交北京空军参谋部空管处。由北京空管处给予最后的空域批准使用文件，上面会加盖北京空管处的公章，拿到批准使用文件以后去公安报备。执行任务的时候，飞前飞后向当地空军管制处电话报备。

3) 对接单位：

• 中部战区空军服务监督：010 - 66911316

• 民航部门：010 - 66911284

• 北京空管委：010 - 64091288

地址：北京市东城区东四西大街 155 号。

(5) 重庆。重庆市公安局曾发布《关于加强民用无人机飞行管理的通告》，这份通告适用于整个重庆市，对黑飞的监管很严。在重庆，个人的飞行计划基本上得不到审批，在市区个人飞行基本上都不合法。

1) 所需材料：

① 临时空域申请所需材料：临时飞行空域的水平范围、高度；飞入和飞出临时飞行空域的方法；使用临时飞行空域的时间；飞行活动性质；其他有关事项。

② 飞行计划申请材料：飞行单位；飞行任务性质；机长（飞行员）姓名、代号（呼号）和空勤组

人数;航空器型别和架数;通信联络方法和二次雷达应答机代码;起飞、降落机场和备降场;预计飞行开始、结束时;飞行气象条件;航线、飞行高度和飞行范围;其他特殊保障需求。

2)申报流程:无人机必须在民航局网站 http://www.caac.gov.cn 进行实名登记实名登记,并将邮箱接收到的二维码打印粘贴到无人机的关键部位;无人机的所有者在居住地的派出所进行登记备案(对没有登记备案手续的无人机,后续的飞行申请将有可能无法顺利进行);

携带材料①到飞行空域所在地的派出所进行实名登记、申请、报备;携带准备材料②前往空管部门民航重庆监管局空管处提交飞行计划,拿到飞行许可证;到飞行所在地公安局报备。

3)对接单位:

·民航重庆临管局空管处。

地址:重庆市江北机场 T1 航站楼隔壁的圆形塔台处。

电话:023 - 67152603

·民航空管局重庆分局运行管理中心。

电话:023 - 88909935

·重庆市公安局。

地址:重庆市渝北区黄龙路 555 号。

电话:023 - 63758200

4)注意事项:对于单位飞行计划飞行申请,除了有一定规模和申请渠道以外,还必须具备航拍测绘等相关资质。重庆地区的申请必须前往位于成都的西部战区空军总参谋部进行。

(6)江苏。2017 年 7 月 8 日,中国人民解放军东部战区空军参谋部、江苏省公安厅和中国民用航空江苏安全监督管理局联合发布了《关于加强无人驾驶航空器管理维护公共安全的通告》,其中明确规定,凡起飞质量 250g 以上(含 250g)的无人机使用单位、组织和个人,必须按照《民用无人驾驶航空器实名制登记管理规定》的要求进行实名登记。现有存量无人机实名登记应当在 2017 年 8 月 31 日前完成,新购无人机应当按规定及时实名登记。除特别批准外,任何单位、组织和个人禁止在以下保护区域升放无人机。

各地公布的机场净空保护区,包括:南京禄口国际机场、徐州观音国际机场、无锡硕放国际机场、常州奔牛国际机场、南通兴东国际机场、扬州泰州国际机场、盐城南洋国际机场、连云港白塔埠机场、淮安涟水机场和军用机场等净空保护区;政府机关、军事机关、军事设施、水电油气设施、危化品单位等重点部位;机场车站、港口码头、景点商圈等人员稠密区;大型活动、重要赛事现场,以及政府临时公告的崇止飞行区域。

1)所需材料:

①飞行计划申请,内容包括:飞行水平范围、飞行高度、飞行时间:具体到小时、无人机的相关参数和状况。

②操控人员飞行证书。

③公司相关资质证明。

2)申报流程:携带准备材料①②③前往东部战区空军航管部进行申请备案;申请成功后,由东部战区空军航管部划定空域;东部战区空军航管部开具同意飞行证明,发送到江苏民用航空管理局、江苏省公安厅进行备案;飞行前需要跟军东部战区空军航管部报告,飞行后需要再次报告;如果申请不成功,可以向东部战区空军航管部提出空域分配请求,由东部战区空军航管部分配一块空域。

3)对接部门:

·东部战区空军航管部。

地址:南京市珠江路。

·江苏民用航空管理局。

地址:光华门外大桥场机场。

电话:025－526553

·江苏省公安厅。

地址:扬州路1号。

电话:025－110

·中国民用航空江苏安全监督管理局。

电话:025－52651508

4)注意事项:江苏省目前只接受以公司的名义进行的申请。

(7)浙江。

1)所需材料:

①飞行计划申请书,内容包括:单位、无人驾驶航空器型号架数,使用的机场或临时起降点、任务性质、飞行区域、飞行高度、飞行白期、预计开始和结束时刻、现场保障人员联系方式。

②操控人员飞行证书。

③公司相关资质证明。

2)申报流程:携带准备材料①②③到杭州空军部队管制室询问具体要求;到空军上海基地(国权路复旦大学旁)申请审批;审批通过后,拿着批文到民航浙江空管分局签协议、报计划、备案。

3)对接单位:

·杭州空军部队管制室。

地址:杭州笕桥机场。

·空军上海基地。

地址:国权路复旦大学旁。

·民航浙江空管分局。

地址:杭州萧山国际机场。

电话:0571－87369705

(8)福建。

2017年4月13日福建省人民政府颁布第186号政府令,通过《福建省人民政府关于对民用小型航空器和空飘物采取临时性行政措施的决定》来管理无人机飞行问题。

福建没有具体的流程,主要参照华东地区无人机申报一般性流程。

1)对接单位:

·民航福建监管局运输处。

地址:福州市五一中路185号

电话:0591－83375415

·福建省公安厅。

电话:0591－87093999、0591－87094063

地址:福州市华林路 12 号。

·华东空中交通管理局。

地址:上海虹桥路 2550 号。

电话 021 - 51122262,021 - 51128154

2)申报流程:在官网上进行实名登记注册,前往当地公安局进行报备,前往福州军区空军申请空域,申请成功后,到福建空管局申报飞行任务。

(9)山东。

对接单位:

·民航山东监管局运输处。

地址:济南市遥墙机场。

电话:0531 - 82080316

·民航青岛监管局运输处。

地址:青岛城阳区民航路 101 号。

电话:0532 - 83788718

·山东省公安厅

地址:山东省济南市经二路 185 号。

电话:0531 - 85125110

(10)安徽.

1)所需材料:

①飞行目的,活动性质。

②飞行单位(三证合一)。

③飞行时间、高度、面积。

④飞行空域的水平范围、高度。

⑤飞行人员姓名、人数联系方式,以及飞行人员的驾驶证。

⑥飞机机型、架数。

⑦飞行地区(把所需飞行的地方用三个以上的坐标点圈出来,然后把坐标点提交东部战区空军空管处)。

2)申报流程:先找东部战区空军军方要份飞行计划申请表,按表中内容填写,盖章传真回;申请下来后,到所飞行区域当地的航空管制室报备,民航空管局报备;公安局备案。

3)对接单位:

·东部战区空军。

地址:庐江路 93 号。

·航空管制室。

地址:东流路 100 号。

·民航空管局。

地址:郊区骆岗镇。

(11)广西。

对接单位:

·民航广西监管局运输处。

电话:0771-3288749

·中南空中交通管理局。

电话:020-86122289

地址:广州机场路南云东街3号。

(12)海南。

2)申报流程:飞行器需要在网站 http://www.caac.gov.cn 上登记,然后打印二维码贴在飞机上便可以起飞。但是关于禁飞区起飞则需要先去找南航部队申请空域,再去海南空管局审批飞行任务,去飞行所在地所在地的公安局进行说明后可起飞。

3)对接单位:

·民航海南监管局运输处。

电话:0898-661739

·民航三亚监管局运输处。

电话:0898-88288632

·海南省公安厅。

电话:0898-68836666

地址:海口市滨涯路9号交警总队办公楼。

·中国民用航空中南地区空中交通管理局海南分局。

电话:0898-65751679

地址:美兰机场民航海南空管分局船管楼二楼。

(13)武汉

对接单位:

·民航湖北监管局运输处。

电话:027-85810291

·湖北省公安厅。

地址:武汉洪山区雄楚大道181。

电话:027-67122288

(14)河南。

1)所需材料:

①飞机计划申报书,内容包括单位、无人驾驶航空器型号、架数、使用的机场或临时起降点、任务性质、飞行区域、飞行高高度、飞行日期、预计开始和结束时刻、现场保障人员联系方式。

②操控人员飞行证书。

③公司相关资质证明。

2)申报流程:携带准备材料①②③到民航武汉空管中心提出申报,申报成功后,中国民航湖北省管理局将转接郑州机场飞行管制室,郑州机场飞行管制室将把审批结果告知申请人,申请人提前一天下午5:00之前需向郑州机场飞行管制室报备飞行计划。

3)对接单位:

·民航武汉空管中心。

地址:武汉天河机场。

电话:027 - 85810291

·郑州机场飞行管制室。

地址:郑州机场。

4)注意事项:河南省暂不受理个人飞行申报,所有申报必须是以企业为单位。

(15)江西。

1)所需材料:

①临时空域申请材料:临时飞行空域的水平范围、高度飞入和飞出临时飞行空域的方法;使用临时飞行空域的时间飞行活动性质。

②飞行任务申请材料清单:任务性质(来源、用途)、执行单位、作业期限、联系人,联系电话(手机),传真号码相关资质符合性承诺书和授权委托书。

2)申报流程:先在无人机必须在民航局网站 http://www.caac.gov.cn 进行实名登记实名登记,并将邮箱接收到的二维码打印粘贴到无人机的关键部位。携带准备材料①到江西南昌向塘空军基地申请审批,审批成功后,携带准备材料②到民航江西空管分局提交任务申请书,民航江西空管分局同意后,再到拍摄地派出所做个备案

3)对接单位:

·民航江西空管分局。

地址:江西省南昌市昌北国际机场内西二路。

电话:0791 - 87112201

·华东空中交通管理局。

地址:上海虹桥路 2550 号。

电话:021 - 51122262 、021 - 51128154

·江西省公安厅

办公地址:江西省南昌市赣江南大道 1366 号。

联系电话:0791 - 87288888

·江西南昌向塘空军基地。

4)注意事项:江西省对于个人申请是不予审批的,以公司为单位才能申请。

(16)河北。

1)所需材料:

①飞行计划申请,内容包括:飞行水平范围、飞行高度、飞行时间:具体到小时、无人机的相关参数和状况。

②操控人员飞行证书。

③公司相关资质证明。

3)对接单位:

·地方治安大队。

·民航河北空管分局。

地址:石家庄开发区天山大街。

电话:0311 - 88255013

·河北民航监管局。

地址:石家庄市中山东路 473 号。

电话:0311 - 88027729

2)申报流程:携带准备材料①②③到地方治安大队提出申请,如涉及航拍,需携带准备材料①②③到空军部队申请。申请通过后,到民航河北空管分局限定飞行时间,最后到河北民航监管局备案。

(17)山西.

对接单位:

·太原机场。

电话:0351 - 5605121

·山西空管。

电话:0351 - 7287833

(18)内蒙古。

1)所需材料:

①飞行目的,活动性质。

②飞行单位(三证合一)。

③飞行时间、高度、面积。

④飞行空域的水平范围、高度。

⑤飞行人员姓名、人数、联系方式。

⑥飞机机型、架数。

⑦飞行地区(把所需飞行的地方用三个以的坐标点圈出来,然后把坐标点提交当地空军空管处)。

2)申报流程:去当地空军申请飞行,确保所飞空域安全,去民航局报备、公安局报备。

3)对接单位:

·呼和浩特空军。

地址:土默特左旗毕克旗镇。

·民航。

地址:航青路蓝天公寓附近。

(19)宁夏。

1)所需材料:

①飞行目的。

②飞行时间。

③飞行地区:把所需飞行的地方用三个以上的坐标点圈出来,然后把坐标点提交到当地空军空管处。

④飞机机型:基本参数和外观照片。

⑤飞行人员:另附飞手的资质证明。

⑥公司三证:营业执照、组织机构代码、税务登记证并加盖公章。

2)申报流程:携带准备材料①②③④⑤⑥,到当地空军管制处提交申请件,请当地空军管制处审批,并且查看有无敏感区域,确定该区域没有问题。把申请件资料准备好,把申请件提交成都空军司令部航空管制处。由成都空军司令部航空管制处给予最后的空域批准使用文件,上面会加盖成都空军司令部航空管制处的公章。携带批准使用文件以后到当地机场民航管理处备案,携带批准文件到安局备案,飞行前后向当地空军管制处电话报备。

3)对接单位:

· 银川空军。

地址:贺兰山上接近滚钟口。

· 民航西北空管局。

地址:金凤区枕水巷。

电话:029-88798281

(20)新疆。

2017年5月25日,民航新疆管理局召开民用无人机实名登记政策宣传贯彻会。会上明确指出:新疆自6月1日实行无人机实名登记制度,如未实名登记和粘贴登记标志,将被视为非法行为。

1)所需材料:

①飞行目的。

②飞行时间。

③飞行地区。

④飞机机型。

⑤飞行人员。

⑥任务公司。

2)申报流程:携带准备材料①②③④⑤⑥前往无人机作业区域的当地派出所申请飞行计划经得当地派出所同意并盖章,并签订责任书,拿到盖章申请表,带上申请表原件,到当地市公安局治安大队备案并经得公安局治安大队同意并盖章,然后复印飞行计划申请表3份,将原件留在市公安局治安大队,复印件留派出所一份,飞手持有一份,任务公司持有一份。在申请计划时间和地点内按照规定,合法飞行。飞前飞后都要和公安大队打个电话报备,并保证能随时被联系上。

3)对接单位:

· 新疆当地派出所

电话:110

· 市公安局治安大队

电话:110

(21)陕西

陕西省94188部队航空管制部曾于2017年6月30日发布《陕西省无人驾驶航空器可飞空域划设方案》,该方案明确指出:在陕西省范围内开展无人驾驶航空器飞行活动,应当飞行前一天15时前向94188部队航空管制部门或民航空中管制部门提出申请,经批准后方可实施。飞行计划申请单位应在组织飞行前2小时向申报飞行计划的航空管制部门提出联系放飞事宜,经批准后方可组织飞行。组织飞行的单位要将航空器的起飞降落时刻及时通报航管部门。

1)所需材料:

①公司执照:三证合一。

②人员执照:姓名、人数、驾驶资格证。

③航空器型号、架数。

④任务委托书。

⑤任务申请书(飞行单位、航空器型号(性能参数)、架次、航空器注册地、呼号、机长(飞行员)、机组人员国籍、主要登机人员名单、任务性质、作业时间、作业范围、起降机场、空域进出点预计飞行开始和结束时间、机载监视设备类型、联系人、联系方式等)。

⑥飞行时间。

⑦活动任务。

⑧飞行高度及是否能见。

2)申报流程:获取飞行任务以及任务委托书(公司派发),携带准备材料①②③④⑤⑥⑦在94188部队(驻西安)航空管制部门〗办理审批手续,确认无敏感区域,携带材料在民航沈阳空中管制部门办理相关手续,通过后获得批复件,拿着批复件去当地公安局进行报备。实施日前一天15时前向94188部队航空管制部门或民航沈阳空中管制部门提出申请,经批准后方可实施。

3)对接单位:

·94188部队。

地址:沣镐东路189号。

电话:029-84797797

·民航西北空管局。

地址:107省道附近。

电话:029-88798281

·民航西北地区管理局市场处。

电话:029-88793035

·西北空中交通管理局。

地址:陕西省西安市桃园南路27号。

电话:029-88791831

(22)甘肃。

1)所需材料:

①说明飞行目的、活动性质。

②飞行空域的水平范围,选出3点以上确认飞行地点。

③飞行高度、面积。

④飞行时间。

⑤飞行人员姓名、人数、联系方式。

⑥飞机机型、架数。

⑦飞行单位(三证合一)。

2)申报流程:携带准备材料去民航甘肃空管分局,进行报备和审批,到兰州空军部队进行报备,确认所飞行区域是安全区域,到当地公安局留案报备。飞行前后和民航局打电话报备,保证随时能被联系上。

3)对接单位:

·民航甘肃空管分局。

地址:嘉峪关西路399号。

电话:0931-8166532

(23)四川。

四川省无人机监管方面的政策制度应该说是比较完善的。2016年西部战区空军参谋部、民航西南地区管理局、民航西南地区空中交通管理局、四川省公安厅曾联合发布《关于加强全省军民航机场净空区域安全保护的通告》。随后政府又积极针对无人机来征求意见,制定了《四川省民用无人驾驶航空器安全管理办法》(征求意见稿)。

1)所需材料:

①资质申请所需材料:公司的营业执照;组织机构代码证和相关资质;取得飞行执照、AOPA合格证。

②飞行计划申请所需材料:飞行区域,高度,作业时间,使用机型,任务性质,特情处置措施

2)申报流程:

四川省内的公司及社会团体等机构如需进行无人机飞行作业,需在成都军区空军航管部门先备案、再申报。在无人机必须在民航局网站http://www.caac.gov.cn进行实名登记实名登记,并将邮箱接收到的二维码打印粘贴到无人机的关键部位。携带所需材料①申请作业资质,对地作业资质申请:成都军区司令部作战处,对空作业资质申请:成都军区空军航管部门。经管理部门备案后,分别提前7个工作日向成空司令部作战处和提前3个工作日向成空航管部门将准备材料②进行书面上报,并在执行飞行任务1小时前向成都军区空军航管部门提出飞行申请,批复后即可组织飞行。飞行中全程接受管理部门提供的空域使用服务,落地后及时将任务实施情况进行电话汇报

3)对接单位:

·四川空管处。

地址:成都市双流区双流国际机场T1航站楼1楼。

电话:028-85702277

·民航西南地区管理局。

电话:028-85702531

·西南空中交通管理局。

地址:四川省成都市双流国际机场。

电话:028-85703646、028-85702012

·空军飞行管制部门。

电话:028-85399067

·民航空中管制部门。

电话:028-85702366(白天)、028-85702365(夜间)

·四川省公安厅。

地址:成都市金盾路9号。

电话:028-86301114

(24)贵州。

1)所需材料:

①民用无人机登记信息:姓名,有效证件号码,移动电话和电子邮箱,产品型号,产品序号,使用目的。

②单位民用无人机拥有者登记的信息:单位名称、统一社会信用代码或者组织机构代码、移动电话和电子邮箱、产品型号、产品序号、使用目的。

③贵州空管局需要的材料:无人驾驶航空器系统基本情况、国籍登记、适航证件(特殊适航证、标准适航证和特许飞行证等)、无线电台及使用频率情况、驾驶员、观测员的基本信息和执照情况;民用无人驾驶航空器系统运营人基本信息;民用无人驾驶航空器的飞行性能(飞行速度、典型和最大爬升率、典型和最大下降率、典型和最大转弯率、其他有关性能数据(例如风、结冰<降水限制)、航空器最大续航能力、起飞和着陆要求)

④民用无人驾驶航空器系统活动计划:飞行活动类型或目的、飞行规则(目视或仪表飞行);操控方式(视距内或超视距);无线电视距内或超无线电视距等);预定的飞行日期;起飞地点;降落地点;巡航速度;巡航高度;飞行路线和空域;飞行时间和次数

⑤民用无人驾驶航空器系统故障时的紧急程序:与空管单位的通信故障、指挥与控制链路故障、驾驶员与观测员之间的通信故障等情况

⑥遥控站的数量和位置以及遥控站之间的移交程序。

⑦其他风险管控措施。

⑧如需前往军区需要准备的材料:临时飞行空域的水平范围、高度;飞入和飞出临时飞行空域的方法;使用临时飞行空域的时间;飞行活动性质

2)申报流程:登陆民航局进行实名登记,填写准备材料⑦相关的信息。下载邮箱收到的二维码并打印到关键位置。前往当地公安局做一个备案登记,携带准备材料⑧到当地空军军区申请空域,携带准备材料③④⑤⑥⑦去空管局办理手续,等审批下来空管局会告知可以飞行的具体时间,并且告知相关机场的塔台电话,起飞与降落时,都应拨打塔台电话,告知其工作人员。

3)对接单位:

· 中国民用航空贵州省管理局。

地址:贵州省贵阳市南明区龙洞堡机场。

电话:0851-85498114,0851-85498094

办公室电话:0851-85499586

· 贵州省公安厅。

地址:贵州省贵阳市云岩区宝山北路82号。

电话:0851-85904000

· 西南空中交通管理局。

地址:四川省成都市双流国际机场。

电话::028-85703646、028-85702012

· 兴义机场塔台。

电话:0859-3195002、0859-3195003

(25)西藏。

西藏自治区内所有机场的机场净空保护区域内(距机场跑道中心线两侧各15km、跑道端外20km以内的区域),严禁开展"低慢小"(飞行高度低、飞行速度慢、雷达反射面积小的航空器具)航空器飞行活动。对于违规飞行行为,公安机关将联合空军、民航等有关部门依法查处。违规飞行行为违反治安管理规定的,由公安机关依照《中华人民共和国治安管理处罚法》予以

处罚;情节严重构成犯罪的,依法追究刑事责任。

1)所需材料:

①飞行目的,活动性质。

②飞行单位(三证合一)。

③飞行时间、高度、面积。

④飞行空域的水平范围、高度。

⑤飞行人员姓名、人数、联系方式。

⑥飞机机型、架数。

⑦飞行地区(把所需飞行的地方用三个以上的坐标点圈出来,然后把坐标点提交当地空军空管处)。

2)申报流程:先去西部空军战区申请空域,确定所飞空域安全,获得批复件,拿着批复件和公司的资质、任务手续去民航局备案,去民航空管处签署拉萨协议,去西藏民航空中交通管制部门报备。

3)对接单位:

· 西部战区空军。

电话:0891-6779787

民航局备案。

地址:娘热南路附近。

民航拉萨空管处。

地址:拉萨机场附近。

西藏民航空中交通管制部门:。

地址:拉萨机场附近。

电话:0891-6218201

(26)辽宁。

目前辽宁省大连国际机场净空保护区域为:机场跑道中心线两侧各10公里、跑道两端外各20km的矩形区域。大连机场净空保护区范围内私放无人机可被拘留10～15日。

1)所需材料:

①飞行空域的水平范围,3个点以上确定飞行地点。

②飞行时间。

③飞行高度、面积。

④飞行目的,活动性质。

⑤飞行单位(二证合)。

⑥飞行人员姓名、人数、联系方式。

⑦飞机机型、架数。

2)申报流程:民航局网站、飞行地派出所实名登记,携带准备材料①②③④⑤⑥⑦东北战区、沈阳战区空军参谋部提出申请,确认无敏感空域。民航沈阳监管局空管处审批,获得批复件,手持批复件去飞行当地派出所报备。飞行前后向空管处电话通知,并确保飞行中能被联系上。

3)对接单位:

·民航东北地区管理局。

地址:桃仙国际机场附近。

电话:024 - 88293813

·沈阳军区空军参谋处。

地址:大东区江东街 23 号。

电话:024 - 24832193

·东北空中交通管理局。

地址:大东区小河沿路 3 号。

电话:024 - 88293618,024 - 23259981

(27)吉林。

吉林省民航机场集团公司公布了长春、延吉、长白山、通化、白城 5 座机场净空保护区范围为跑道两侧各 10km、两端各 20km。净空保护区范围内禁止放飞影响航空器飞行安全的物体,包括无人机等。

1)所需材料:

①飞行目的(比如农业植保农药喷洒)。

②飞行时间、高度、面积。

③飞行地区(把所需飞行的地方用三个以上的坐标点圈出来,然后把坐标点提交当地空军空管处)。

④飞机机型、基本参数和外观照片。

⑤飞行人员的资质证明。

⑥以及公司(三证:营业执照组织机构代码、税务登记证并加盖公章)。

⑦另附低小慢航空器备案表(包含无人机持有人姓名;获得途径;是否经过专业培训;是否持证;持有航空器情况;是否安装镜头、导航、电子围栏、接入无人机云等;用途、放飞区域)。

2)申报流程:目前吉林无人机飞行任务申请分为大型任务(超视距,高度超过 120m,半径超过 500m,比如测绘)和小型任务(比如汽博会、演唱会、简单的低空航拍)。大型任务需向当地空军申请,小型任务向主办单位和公安申请。

大型任务:带着准备材料①②③④⑤⑦,去当地空军管制处提交申请件,请当地空军管制处审批,并且查看有无敏感区域,确定该区域没有问题,把申请件资料准备好,把申请件提交沈阳空军参谋部空管处。由沈阳空管处给予最后的空域批准使用文件,上面会加盖沈阳空管处的公章,拿到批准使用文件以后去公安报备。执行任务的时候,飞前飞后向当地空军管制处电话报备。

小型任务:前往无人机作业区域的当地派出所申请飞行计划,经得当地派出所同意并盖章,并签订责任书,拿到盖章申请表,带上申请表原件,到当地市公安局治安大队备案并经得公安局治安大队同意并盖章,然后复印飞行计划申请表 3 份,将原件留在市公安局治安大队,复印件留派出所一份,飞手持有一份,公司持有一份。在申请计划时间和地点内按照规定,合法飞行。飞前飞后都要和公安大队打电话报备。

3)对接单位:

·吉林空军管制处。

·沈阳空军管制处。

地址:大东区江东街 23 号。

电话:024 - 24832193

·当地派出所。

电话:110

4)注意事项:将准备好的资料在任务进行前一天的 15 时前提供给管制单位。如果管制单位没有驳回你的申请,一般就是通过了,然后在飞行前一个小时 ,再和管制单位联系一次,确定任务申请成功,如果怕有问题,可以提前几天就开始申请;如果是救灾或者其他紧急任务,可以在任务前一个小时申请紧急任务;大型项目都是空管单位,小型的、简单飞一下的跟公安备案就行。至于需不需要同时去,得看对方要求;在长春申报需要准备材料⑥,在吉林不用准备。

(28)黑龙江。

齐齐哈尔市人民政府发布通知,要求起飞无人机必须提前 10 日向空军申请。通知中明确指出:为加强齐齐哈尔地区飞行安全管理,齐齐哈尔机场设定了净空保护区范围:机场跑道两侧 10km,跑道两端 20km 的矩形区域内,严禁低慢小飞行物擅自飞行;对执行应急救援、抢险救灾、医疗救援等紧急、特殊通用航空任务的飞行计划,应提前 1 小时与齐齐哈尔空军(联系电话:0452 - 5972280)和齐齐哈尔机场分公司联系(联系电话 0452 - 2393705)

1)所需材料:

①飞行空域的水平范围、高度。

②飞行地区(把所需飞行的地方用三个以上的坐标点圈出来,然后把坐标点提交当地空军空管处)。

③飞行时间、高度、面积。

④飞行目的,活动性质。

⑤飞行人员姓名、人数、联系方式。

⑥飞机机型、架数。

⑦飞行单位(三证合一)。

3)对接单位:

·民航管制室。

地址:香坊区中山路 101 号。

电话:0452 - 2393700

·空军管制室。

电话:0452 - 5972280

2)申报流程:首先在民航管制室报备,把准备材料①②③④⑤⑥⑦用邮件发送到管制室邮箱(zyqqztzx@163.com),在民航管制室报备后,去空军管制室申请,同样把准备好的材料发送给空军管制室,民航管制室和空军管制室协商后同意后获得批复件,再去飞行所在地公安局报备。飞行前后都要给民航管制室打电话报备,并保证飞行过程中能随时被联系到(民航管制室办公人员多次强调)。

(29)香港。

1)所需材料:

①公司名称及无人机种类。

②飞行日期及时间。

③操作范围。

④飞行目的。

2)申报流程:进入香港特别行政区政府民航处官网 http://www.cad.gov.hk/chinese/home.html,在左侧点击"专题资料"栏目,倒数第二行点击"无人驾驶飞机(无人机)系统",阅读完相关注意事项后往下拉,在"申请手续"一栏中打开"使用飞机提供航空服务许可证的申请——无人驾驶飞机系统(无人机系统)",将准备材料①②③④填入申请表中,等待香港民航处审批,审批通过获得飞行许可证编号即可飞行。

3)对接单位:

· 香港特别行政区政府民航处。

地址:香港大屿山香港国际机场东辉路 1 号。

电话:(00852)29106648

· 民航处航班事务部。

电话:(00852)29106616

(30)澳门。

澳门地区无人机申报制度完善透明,官方的电话、资料可在澳门民航局官网轻松查找。网站可以下载"放飞活动申请表"来申请无人机飞行,审批时间不超过 10 个工作日。

1)所需材料:

①基本信息。

②飞行目的。

③地点(附上明确指出活动地点的示意图)。

④飞行日期时间范围。

⑤飞行高度。

⑥无人机型号。

⑦操作员姓名、电话。

3)对接单位:

· 澳门民航局。

地址:澳门宋玉生广场 336 - 342 号诚丰商业中心十八楼。

传真:(853)28338089

电话:(853)28511213

邮箱:aacm@aacm.gov.mo

2)申报流程:所有质量大于 250g 的无人驾驶航空器必须贴上拥有者的中文、葡文或英文的姓名和电话号码,而有关资料必须容易识别及阅读。

以下无人机可以直接放飞,无需申请:

· 无人驾驶航空器之重量少于或等于 7kg。

· 无人驾驶航空器飞行高度不超过地面以上 30m(60 英尺)。

· 于日间进行操作。

· 无人驾驶航空器不能携带任何危险品投放拖带任何物件。

· 无人驾驶航空器不能于聚集 100 人或以上之地点 100m 范围内飞行。

- 操作员应在现场，与航空器距离不多于 100m，直接控制下进行操作。
- 无人驾驶航空器应在视距内操作。
- 不可在任何机场或起降地点 1km 范围内和航空器飞行路径飞行。
- 不可在受保护的建筑物 50m 范围内飞行。

如果超出以上限制，必须向民航局提交申请。申请人应填妥"放飞活动申请表"并透过邮寄、传真电子邮箱或者亲临民航局办事处提交。申请费用全免。完成审批时间不超过 10 个工作日。

(31)台湾。

台湾规定，民众所持有的遥控无人机，若质量超过 250g 以上，以及公务机关或法人所有的遥控无人机，皆应办理注册，并将注册号码标明于遥控无人机上。

台湾并没有明确的申报流程，因此，广大飞手只要不去机场、政府部门和军事管理区等禁飞区飞行，暂时不需要申报。

1)所需材料：

①临时空域申请材料：临时飞行空域的水平范围、高度飞入和飞出临时飞行空域的方法；使用临时飞行空域的时间飞行活动性质。

②飞行任务申请材料清单：任务性质(来源、用途)、执行单位、作业期限、联系人、联系电话(手机)，传真号码相关资质符合性承诺书和授权委托书

4)注意事项：申请文件和资质符合性承诺书必须是原件。授权委托书为复印件时，应加盖申请单位公章。

参考文献

[1] 祝小平. 无人机设计手册:下册[M]. 北京:国防工业出版社,2007.

[2] 孙毅. 无人机驾驶员航空知识手册[M]. 北京:中国民航出版社,2014.

[3] 卢艳军,刘季为,张晓东. 无人机地面站发展的分析研究[J]. 沈阳航空航天大学学报,2014,31(3):60-46.

[4] 柳煌,夏学知. 无人机航路规划[J]. 舰船电子工程,2008,25(5):47-54.

[5] 蔡志洲,林伟. 民用无人机机器行业应用[M]. 北京:高等教育出版社,2017.

[6] 万刚. 无人机测绘技术及应用[M]. 北京:测绘出版社,2015.

[7] 黄杏元,马劲松. 地理信息系统概论[M]. 北京:高等教育出版社,2008.

[8] 朱显国. 无人机航测技术的发展与应用探讨[J]. 智能城市,2018,4(13):29-30.